Grundlegende Funktionen und Ableitungen

1.1 Ganzrationale Funktionen

1.1.2 Einfache Symmetrien von Funktionsgraphen

1. Lesen Sie die Definitionsmenge ab. Entscheiden Sie, ob die Graphen eine einfache Symmetrie besitzen. Begründen Sie andernfalls, dass keine einfache Symmetrie vorliegt.

a)

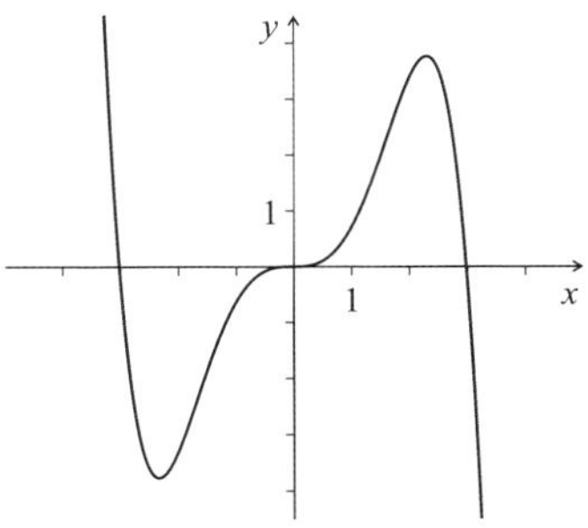

$D =$ __________

☐ Symmetrie zur y-Achse
☐ Symmetrie zum Ursprung
☐ Keine einfache Symmetrie

b)

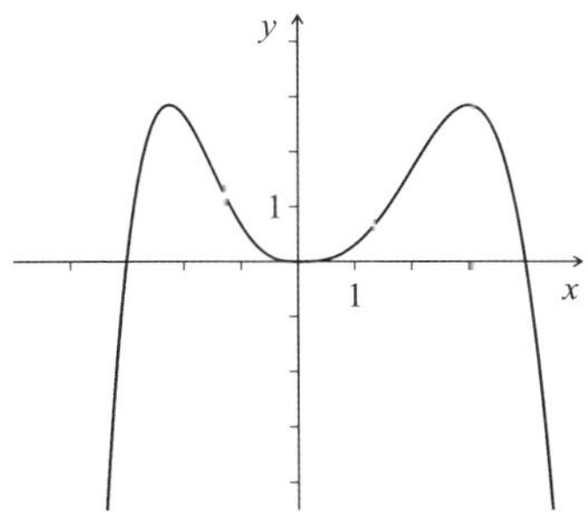

$D =$ __________

☐ Symmetrie zur y-Achse
☐ Symmetrie zum Ursprung
☐ Keine einfache Symmetrie

c)

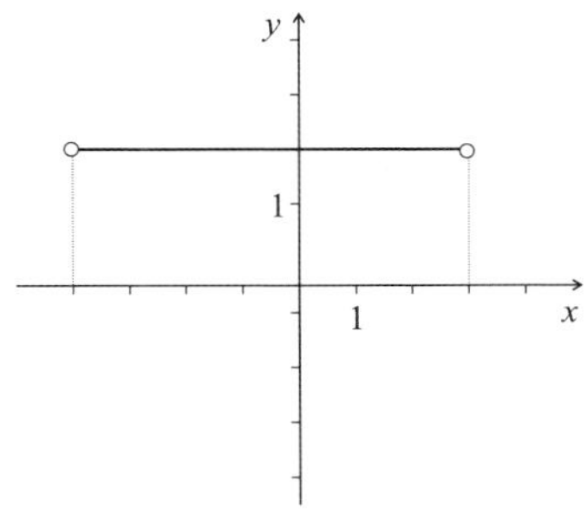

$D =$ __________

☐ Symmetrie zur y-Achse
☐ Symmetrie zum Ursprung
☐ Keine einfache Symmetrie

d)

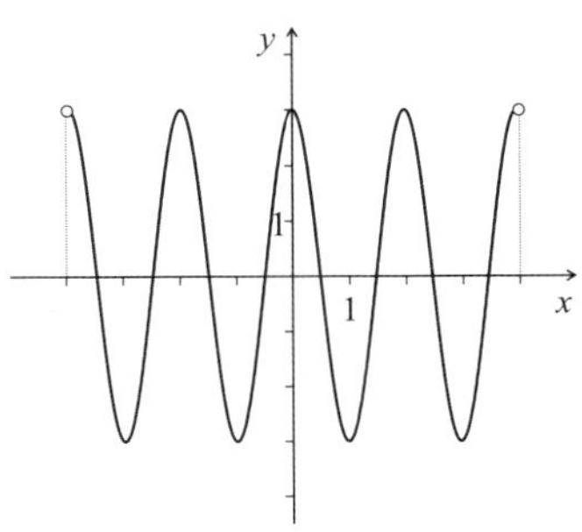

$D =$ __________

☐ Symmetrie zur y-Achse
☐ Symmetrie zum Ursprung
☐ Keine einfache Symmetrie

e)

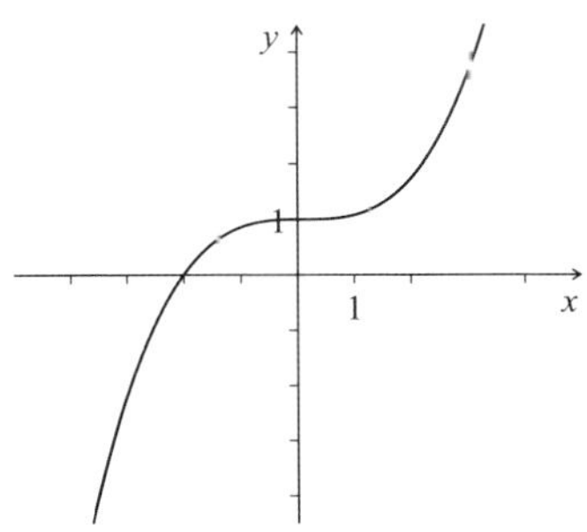

$D =$ __________

☐ Symmetrie zur y-Achse
☐ Symmetrie zum Ursprung
☐ Keine einfache Symmetrie

f)

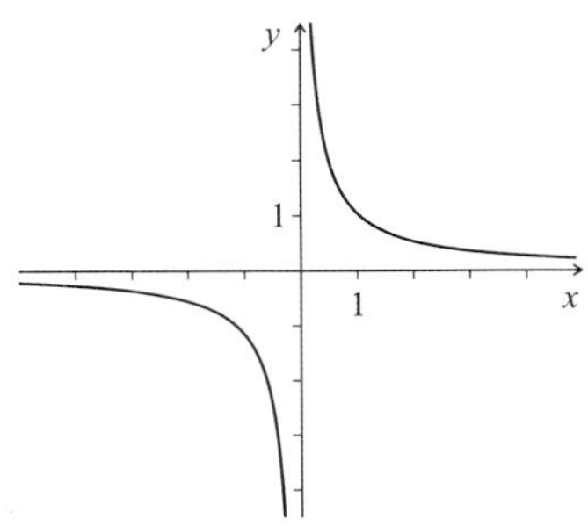

$D =$ __________

☐ Symmetrie zur y-Achse
☐ Symmetrie zum Ursprung
☐ Keine einfache Symmetrie

→ 1.1.2 Seiten 2 - 4

2. Ergänzen Sie in den Schaubildern die nur teilweise gezeichneten Graphen derart, dass sie die angegebene Symmetrie besitzen.

a) Symmetrie zum Ursprung

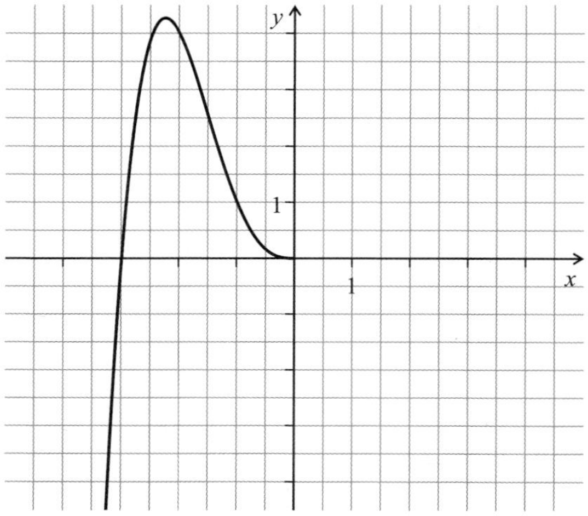

b) Symmetrie zur y-Achse

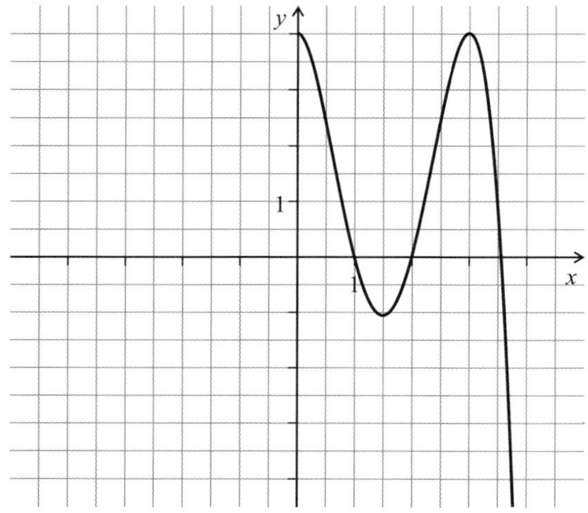

c) Symmetrie zur y-Achse

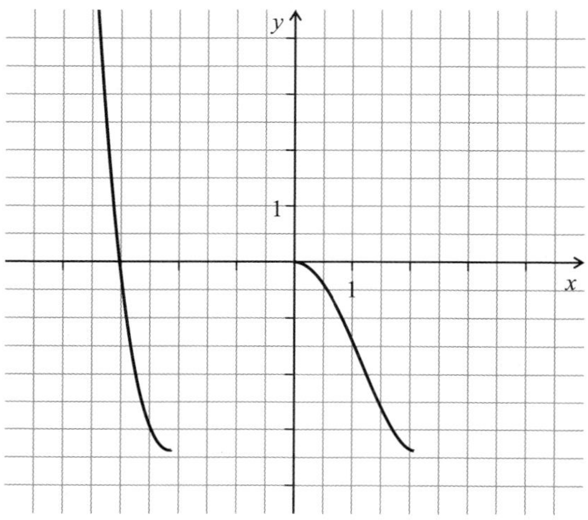

d) Symmetrie zum Ursprung

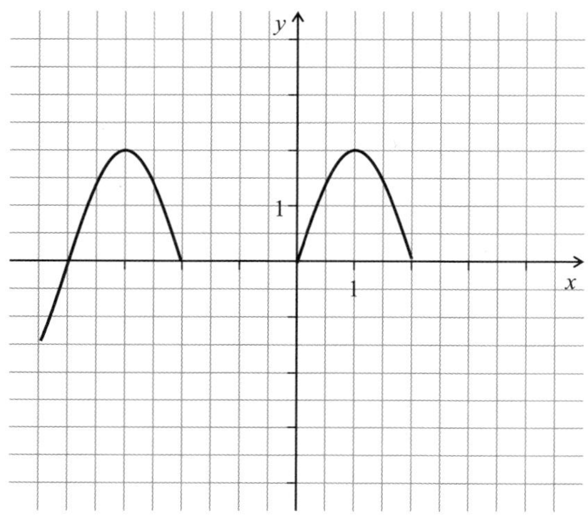

3. Ordnen Sie jedem Graphen begründet die richtige Funktionsgleichung zu.

Gleichungen: ① $f(x) = -\frac{1}{8}x^3 - x + 2$ ② $f(x) = -\frac{1}{8}x^4 + 2$ ③ $f(x) = -\frac{1}{8}x^3 + 2x$

Graphen:

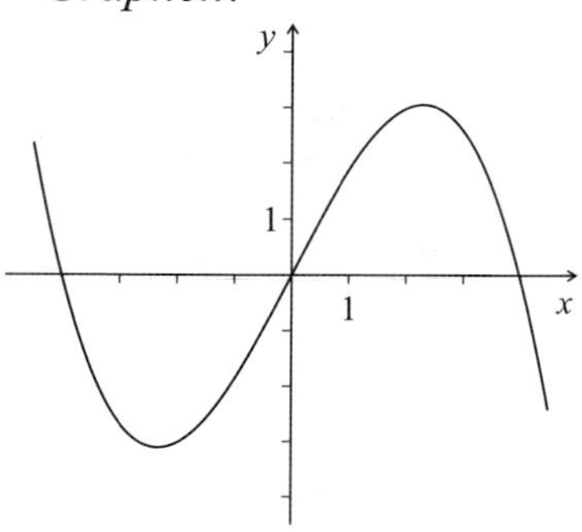

Zugehörige Gleichung: ______

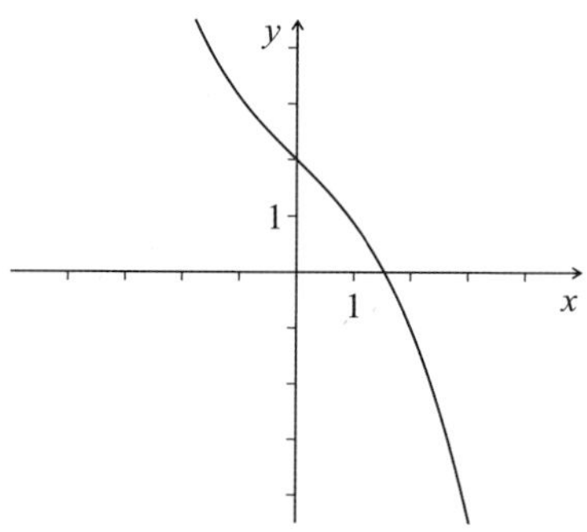

Zugehörige Gleichung: ______

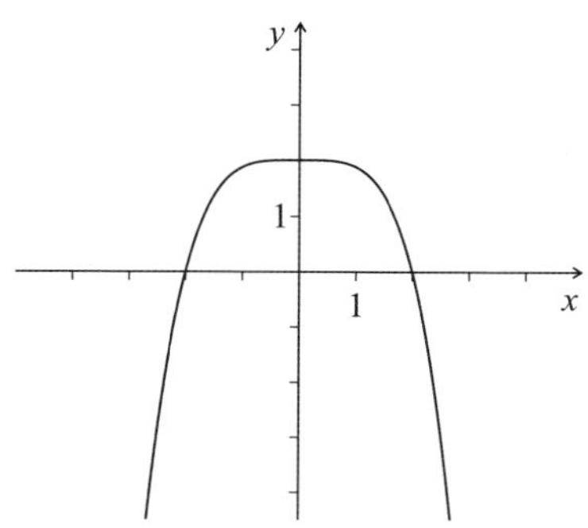

Zugehörige Gleichung: ______

1.1.3 Uneigentliche Grenzwerte

4. Welche der folgenden Graphen gehören sicher nicht zu einer ganzrationalen Funktion? Kreuzen Sie die Graphen an und begründen Sie Ihre Entscheidung.

a)
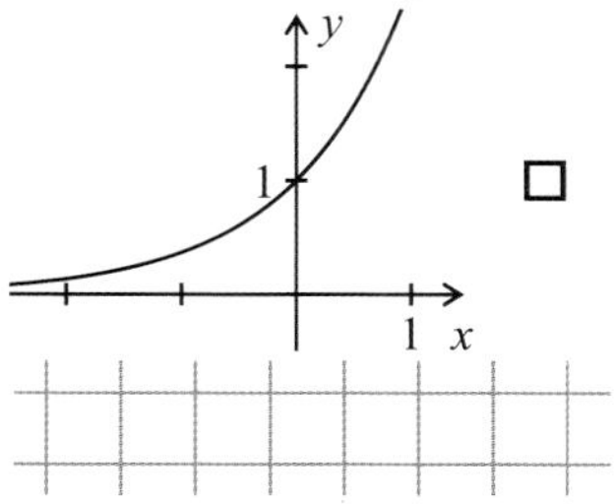
☐

b)
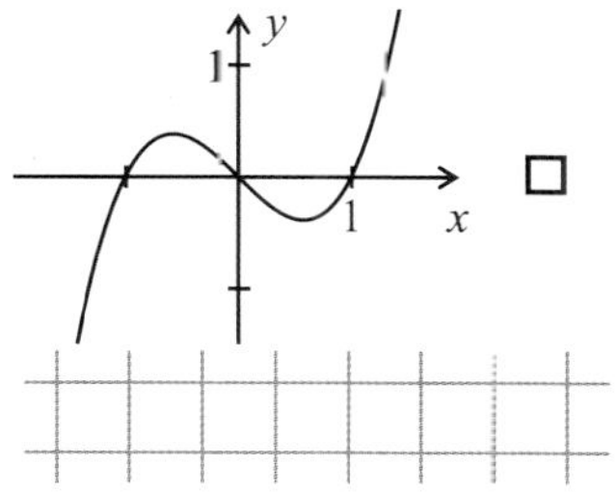
☐

c)
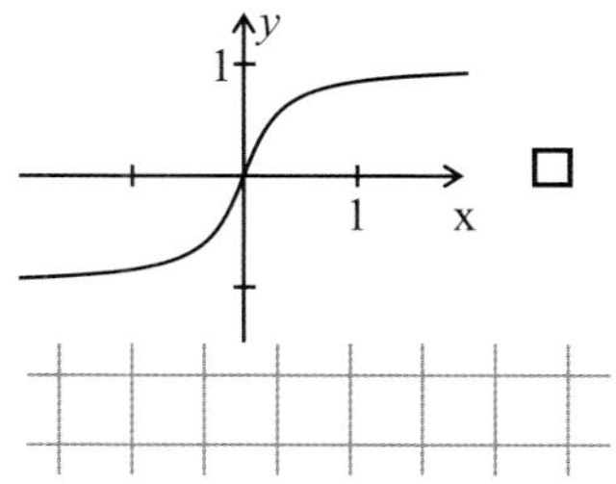
☐

d)
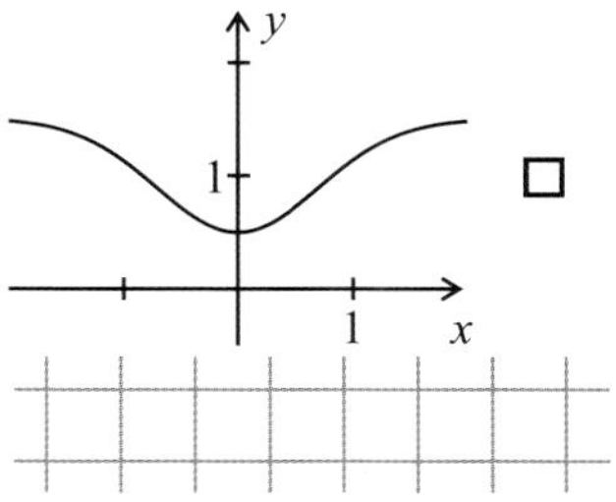
☐

e)
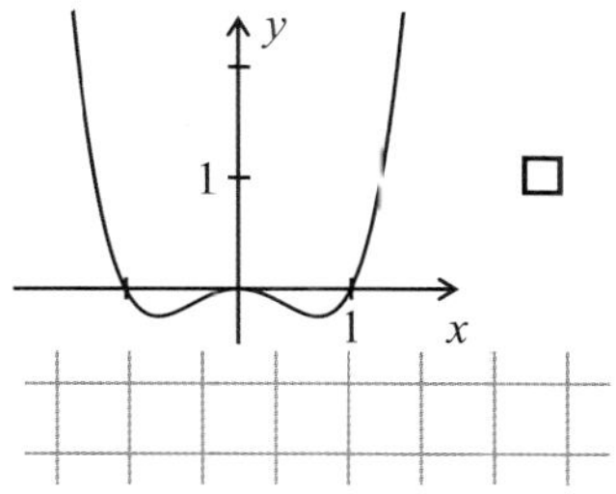
☐

f)
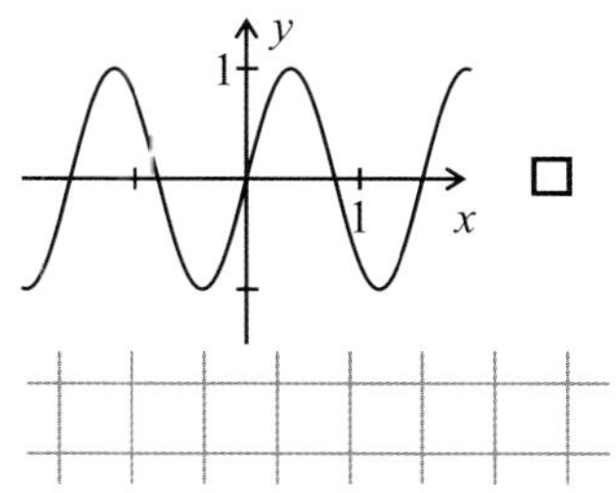
☐

5. Lesen Sie an den Graphen die Nullstellen, den y-Achsenabschnitt und die uneigentlichen Grenzwerte für $x \to \pm\infty$ ab. Ordnen Sie jeweils die richtige Funktionsgleichung zu.

① $f(x) = -0{,}5x^2 + 0{,}5x - 3$ ② $f(x) = -\frac{x^4}{36} + \frac{x^3}{18} + \frac{5x^2}{12} - x$ ③ $f(x) = \frac{x^5}{3} - 2x^4 + 3x^3$

④ $f(x) = -\frac{x^4}{36} + \frac{x^2}{12}$ ⑤ $f(x) = -\frac{x^5}{3} + 3x^3$ ⑥ $f(x) = 0{,}5x^2 - 0{,}5x - 3$

a)
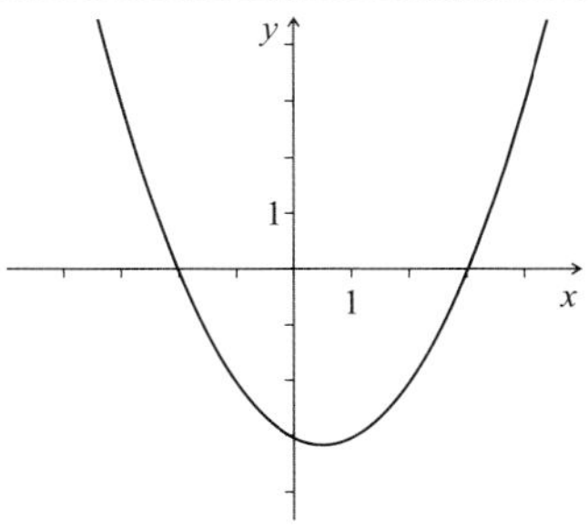

Nullstellen

$x_1 =$ ______

$x_2 =$ ______

y-Achsenabschnitt

$f(0) =$ ______

Grenzwerte

$\lim\limits_{x \to -\infty} f(x) =$ ______

$\lim\limits_{x \to +\infty} f(x) =$ ______

zugehörige Gleichung

______

b)
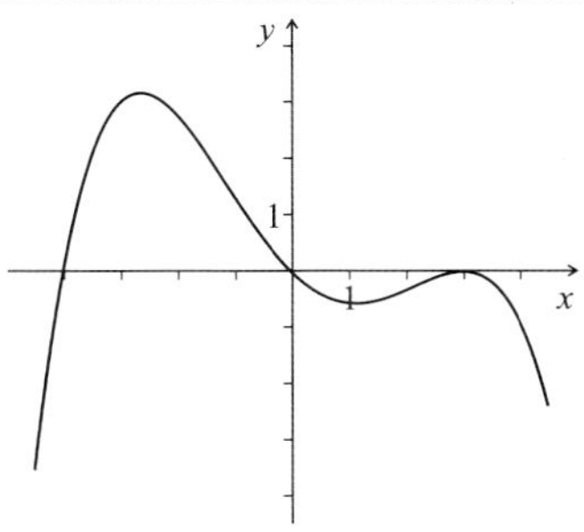

Nullstellen

$x_1 =$ ______

$x_2 =$ ______

$x_3 =$ ______

y-Achsenabschnitt

$f(0) =$ ______

Grenzwerte

$\lim\limits_{x \to -\infty} f(x) =$ ______

$\lim\limits_{x \to +\infty} f(x) =$ ______

zugehörige Gleichung

______

c)
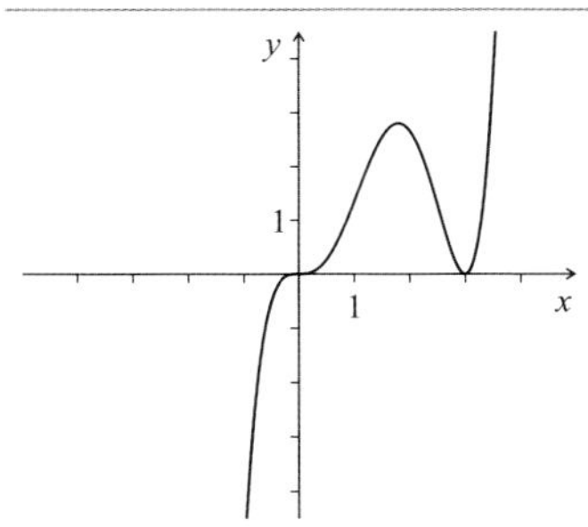

Nullstellen

$x_1 =$ ______

$x_2 =$ ______

y-Achsenabschnitt

$f(0) =$ ______

Grenzwerte

$\lim\limits_{x \to -\infty} f(x) =$ ______

$\lim\limits_{x \to +\infty} f(x) =$ ______

zugehörige Gleichung

______

→ 1.1.3 Seiten 5 - 9

1.1.4 Wertemenge einer Funktion

6. Die Abbildungen zeigen die Graphen von Funktionen. Kennzeichnen Sie in der Abbildung jeweils die Wertemenge W und geben Sie diese in Intervallschreibweise an.

a)
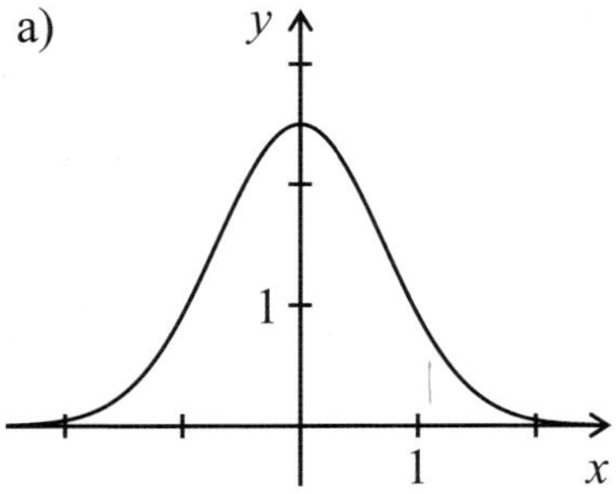

$W =$

b)
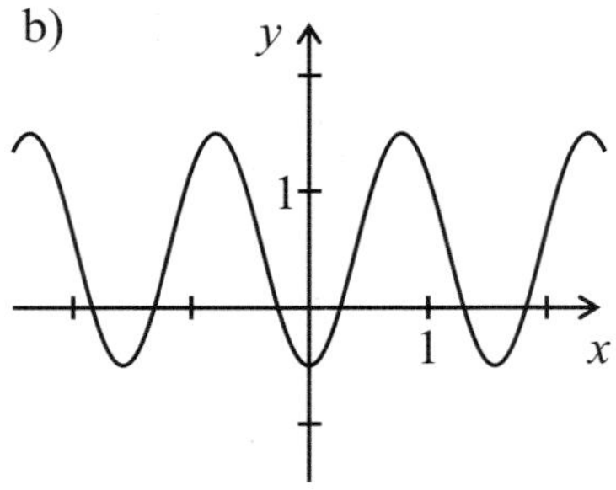

$W =$

c)
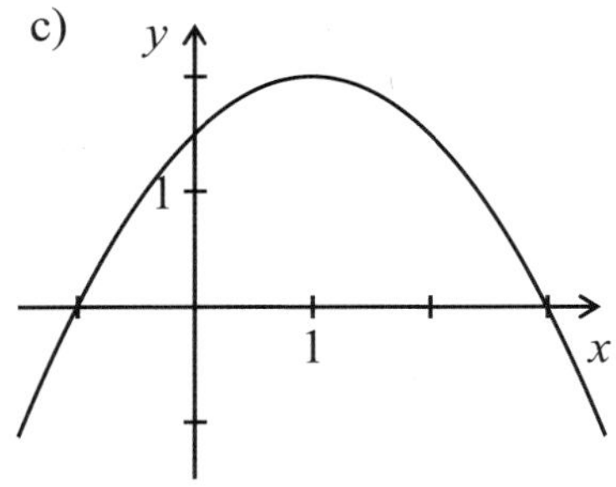

$W =$

d)
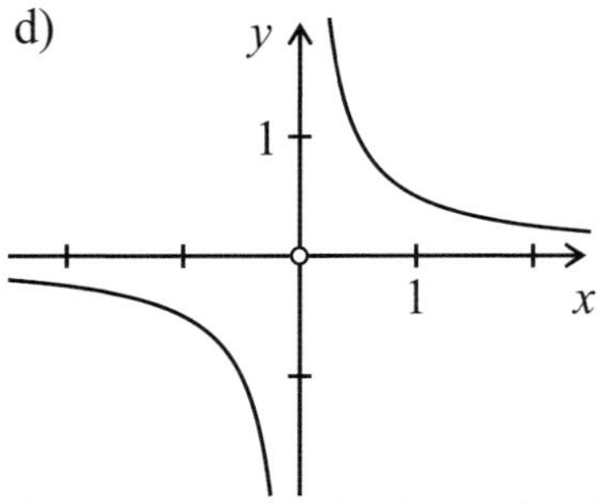

$W =$

e)
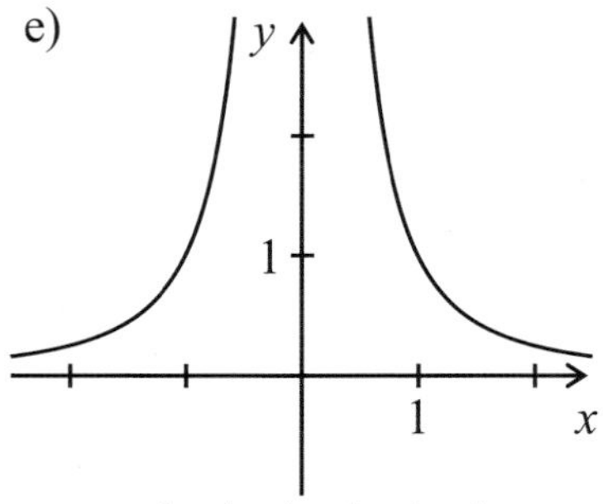

$W =$

f)
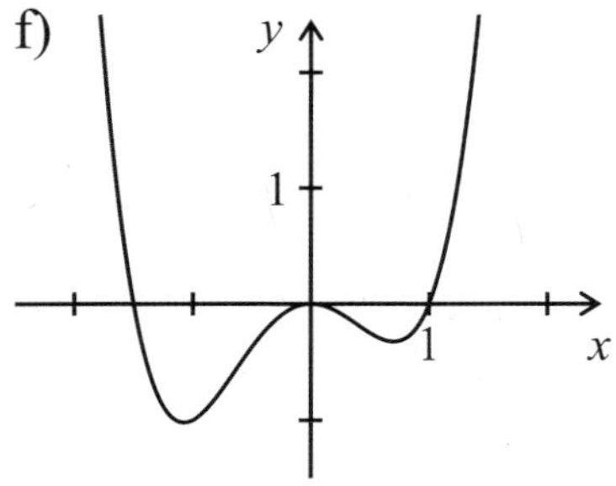

$W =$

7. Die Abbildungen zeigen die Graphen quadratischer Funktionen. Die zugehörige Parabel besitzt den Scheitel $S(x_S \mid y_S)$. Kennzeichnen Sie in der Abbildung jeweils die Wertemenge und geben Sie diese in Intervallschreibweise an.

a)
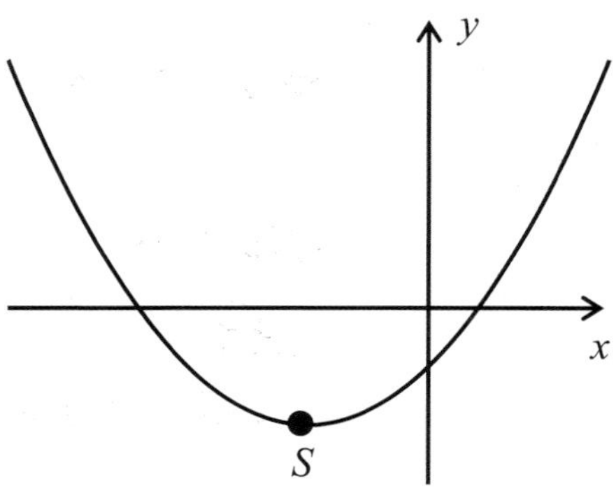

$W =$

b)
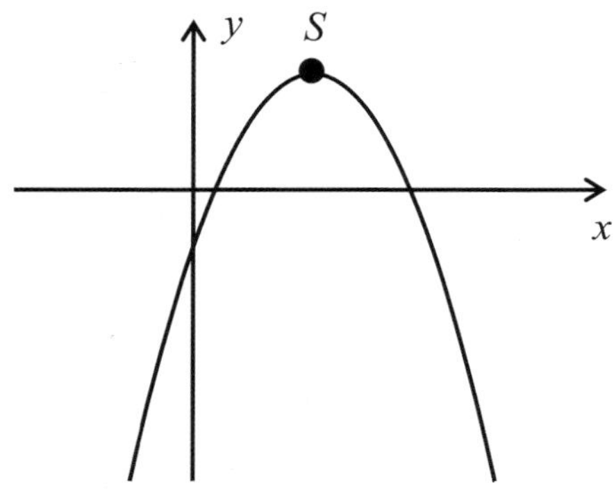

$W =$

8. Begründen Sie ohne Rechnung, dass jede ganzrationale Funktion vom Grad 3 die Menge $\mathbb{R}$ als Wertemenge besitzt.

→ 1.1.4 Seiten 10 - 11

1.1.5 Vielfachheit von Nullstellen

9. Lesen Sie aus den Abbildungen die Nullstellen samt ihrer (minimalen) Vielfachheit ab. Geben Sie an, ob eine Nullstelle mit oder ohne Vorzeichenwechsel vorliegt.

a)

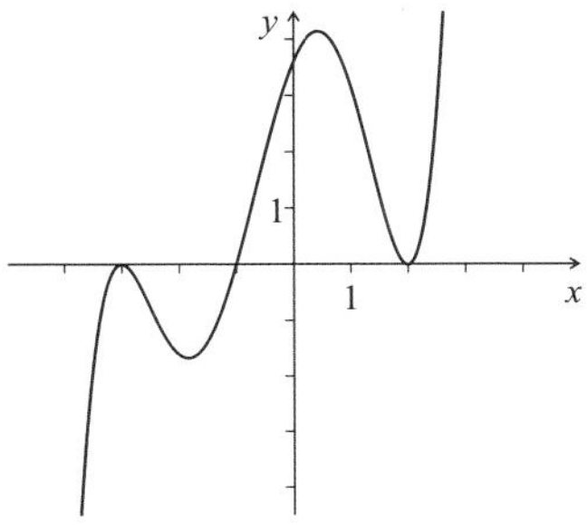

	Nullstelle	*Vielfachheit*	*Vorzeichenwechsel*
	$x_1 =$ ______	$n_1 =$ ______	☐ mit ☐ ohne
	$x_2 =$ ______	$n_2 =$ ______	☐ mit ☐ ohne
	$x_3 =$ ______	$n_3 =$ ______	☐ mit ☐ ohne

b)

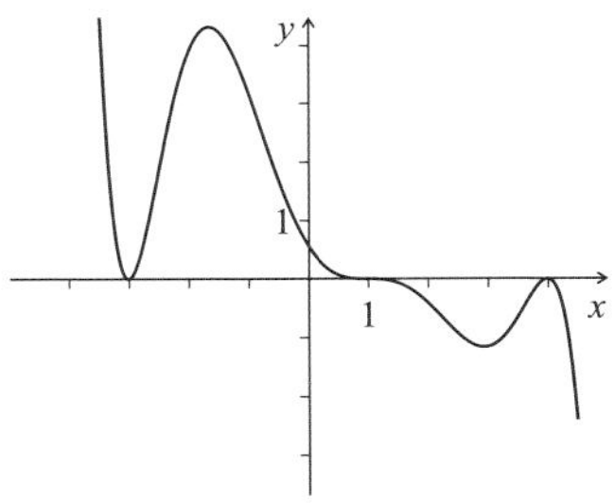

	Nullstelle	*Vielfachheit*	*Vorzeichenwechsel*
	$x_1 =$ ______	$n_1 =$ ______	☐ mit ☐ ohne
	$x_2 =$ ______	$n_2 =$ ______	☐ mit ☐ ohne
	$x_3 =$ ______	$n_3 =$ ______	☐ mit ☐ ohne

10. Skizzieren Sie einen ganzrationalen Funktionsgraphen mit den angegebenen Eigenschaften. Geben Sie den minimal möglichen Grad der Funktion an.

a) G_f schneidet die x-Achse an den Stellen -4 und 2 und berührt sie bei -1.

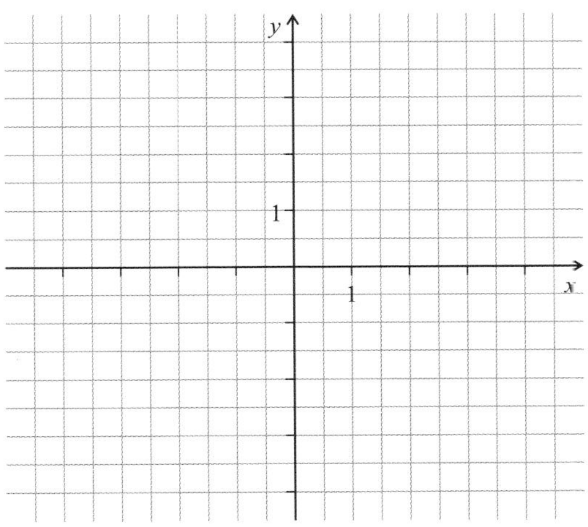

Grad der Funktion f: ______

b) G_g besitzt bei -2 eine Sattel-, bei 1 eine Schnitt- und bei 4 eine Berührstelle.

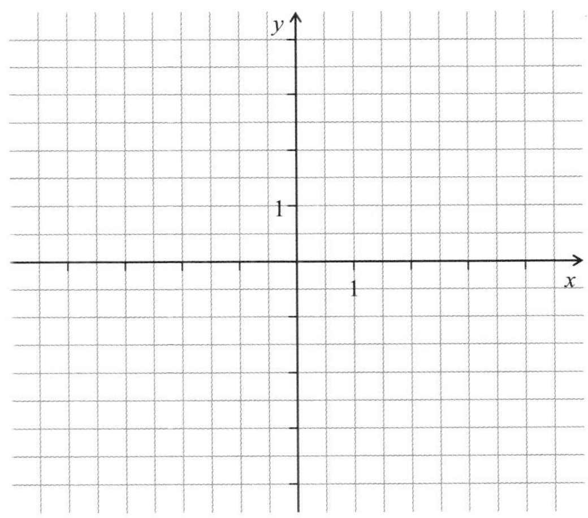

Grad der Funktion g: ______

11. Geben Sie eine möglichst einfache Gleichung einer ganzrationalen Funktion an.

a) Die Funktion f hat die einfache Nullstelle -3 sowie die doppelten Nullstellen -1 und 5. $f(x) =$ ______

b) Die Funktion g hat die dreifache Nullstelle -3. Ihr Graph berührt im Punkt $(-1 \mid 0)$ die x-Achse. $g(x) =$ ______

c) Die Funktion h hat in $(2 \mid 0)$ einen Sattelpunkt und berührt an der Stelle -2 die x-Achse. $h(x) =$ ______

📖 → 1.1.5 Seiten 12 - 16

12. Welcher Graph gehört zur angegebenen Funktionsgleichung?
Zeichnen Sie den richtigen Graphen farbig. Begründen Sie Ihre Entscheidung.

a) Funktion: $f(x) = -x^2 - 2x$

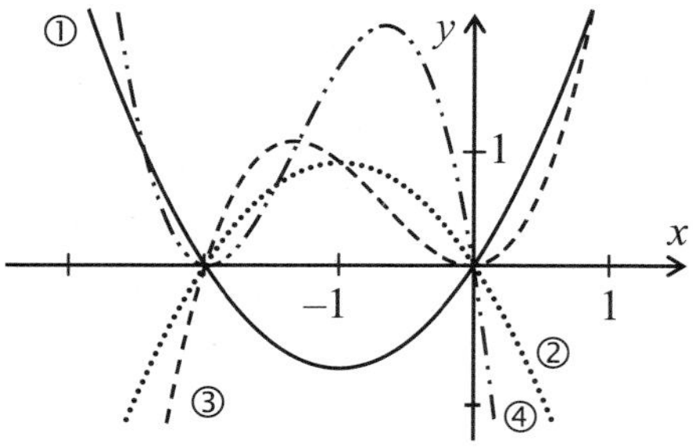

b) Funktion: $f(x) = -x \cdot (x-2)^3$

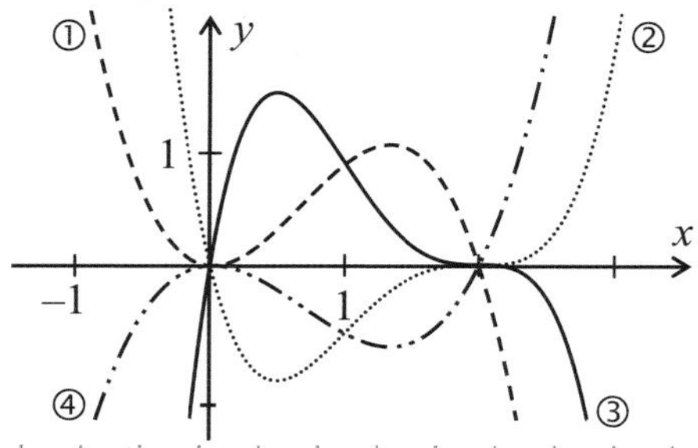

13. Ordnen Sie den Graphen begründet die richtige Funktionsgleichung zu.

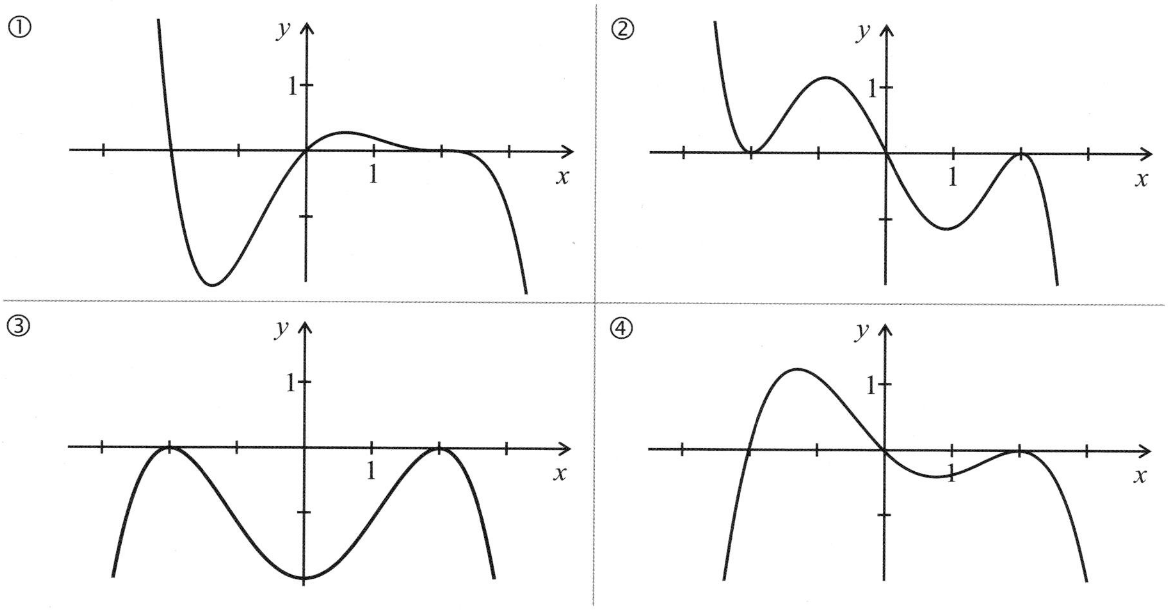

Zuordnung:	Begründung:
$f(x) = -\frac{1}{8}x \cdot (x-2)^2 \cdot (x+2) \rightarrow$ ___	
$g(x) = -\frac{1}{8} \cdot (x+2)^2 \cdot (x-2)^2 \rightarrow$ ___	
$h(x) = -\frac{1}{8}x \cdot (x^2-4)^2 \rightarrow$ ___	
$i(x) = -\frac{1}{16}x \cdot (x-2)^3 \cdot (x+2) \rightarrow$ ___	

→ 1.1.5 Seiten 12 - 16

14. In den Abbildungen sind die Graphen ganzrationaler Funktionen im Intervall [−3 ; 3] dargestellt.

- Entscheiden Sie begründet möglichst ohne Rechnung, ob der dargestellte Ausschnitt bereits alle Nullstellen enthält.
- Bestimmen Sie andernfalls die fehlenden Nullstellen rechnerisch.

a) $f(x) = -x^2 - x + 1$

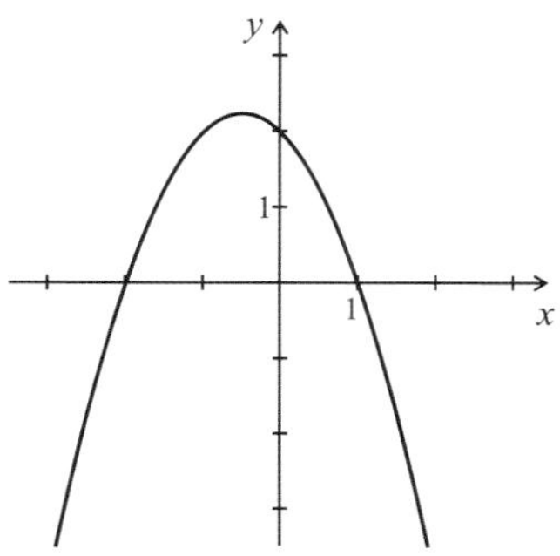

☐ Alle Nullst. dargestellt

☐ Fehlende Nullst.: _____

b) $g(x) = 0.5x + 2$

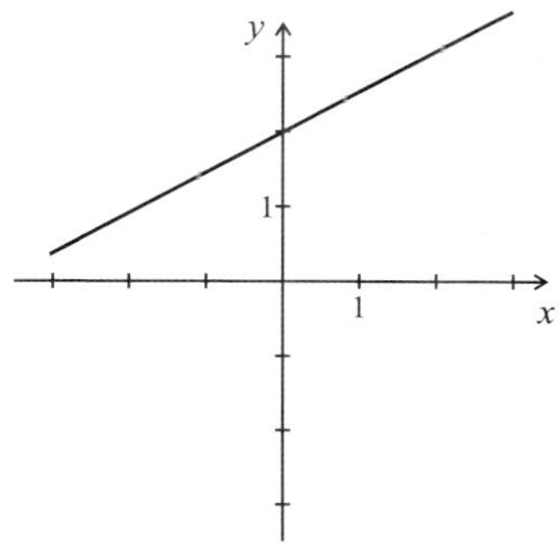

☐ Alle Nullst. dargestellt

☐ Fehlende Nullst.: _____

c) $h(x) = -x^3 + 4x$

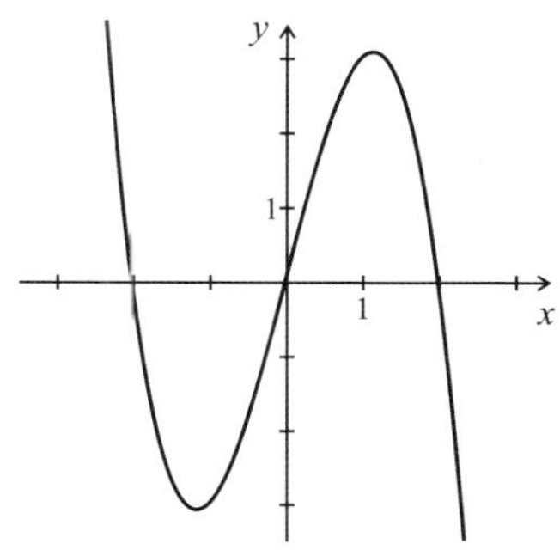

☐ Alle Nullst. dargestellt

☐ Fehlende Nullst.: _____

d) $i(x) = \frac{1}{16}x^4 + \frac{1}{8}x^3 - \frac{1}{2}x^2$

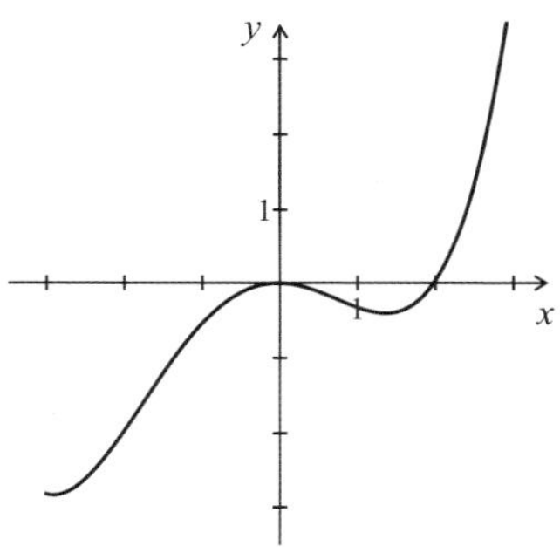

☐ Alle Nullst. dargestellt

☐ Fehlende Nullst.: _____

e) $j(x) = \frac{1}{8}\cdot(x+\frac{5}{2})^2\cdot x^3\cdot(x-2)$

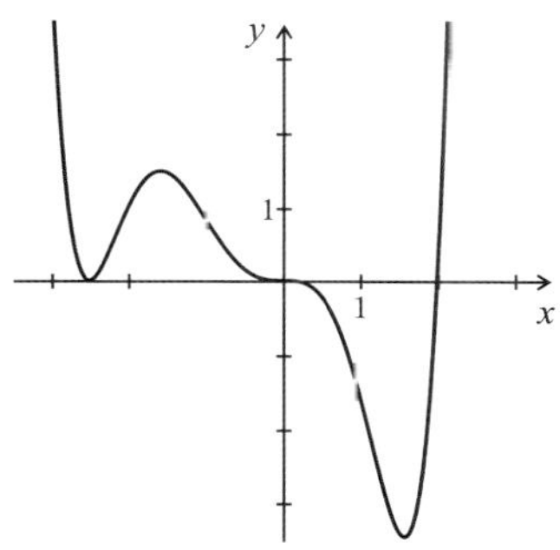

☐ Alle Nullst. dargestellt

☐ Fehlende Nullst.: _____

f) $k(x) = x^3 + x$

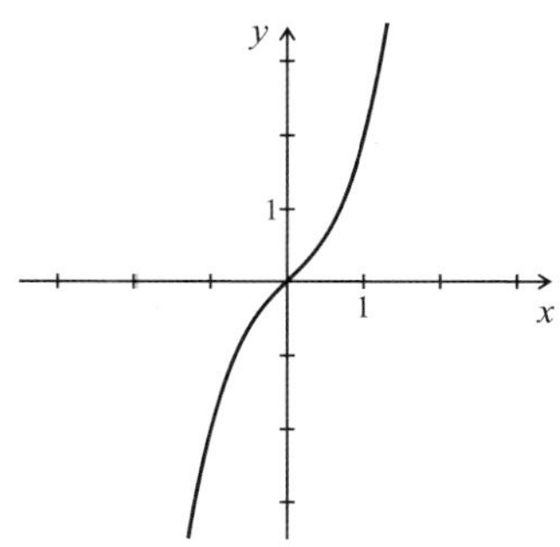

☐ Alle Nullst. dargestellt

☐ Fehlende Nullst.: _____

Begründungen und Rechnungen

→ 1.1.5 Seiten 12 - 16

1.1.7 Ableitung ganzrationaler Funktionen

15. Ordnen Sie der Funktion f die korrekte Ableitung f' aus der angegebenen Liste zu.

a) $f(x) = 2x^3 - 4x + 1$ ☐ b) $f(x) = 2x^2 - 2x^3$ ☐

c) $f(x) = (-2x)^3 + 4x$ ☐ d) $f(x) = -(4x - (-2x)^3)$ ☐

Mögliche Ableitungen:

① $f'(x) = -6x^2 + 4x$

② $f'(x) = -24x^2 - 4$

③ $f'(x) = -24x^2 + 4$

④ $f'(x) = 6x^2 - 4x$

⑤ $f'(x) = -24x^2 + 4x$

⑥ $f'(x) = 6x^2 - 4$

16. Die Abbildung zeigt jeweils den Graphen G_f einer ganzrationalen Funktion.

- Bestimmen Sie zunächst zeichnerisch die Steigung des Funktionsgraphen an der angegebenen Stelle. Zeichnen Sie dazu auch ein Steigungsdreieck.
- Bestätigen Sie Ihr Ergebnis anschließend durch eine Rechnung.

a)

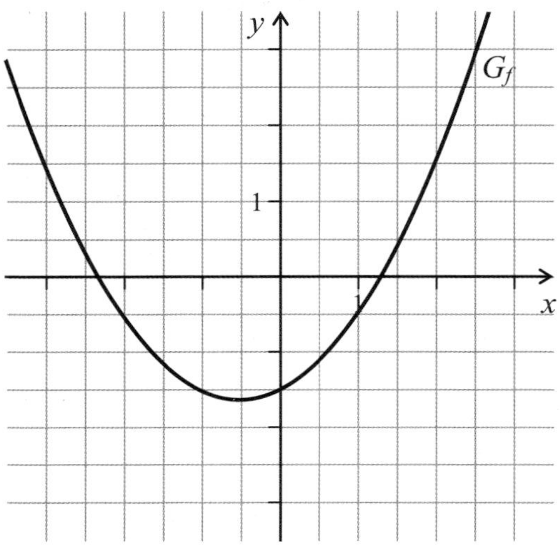

Funktionsgleichung

$f(x) = \frac{1}{2}x^2 + \frac{1}{2}x - 1{,}5$

- *Steigungswert an der Stelle* $x = -1$: ____
- *Rechnung*

b)

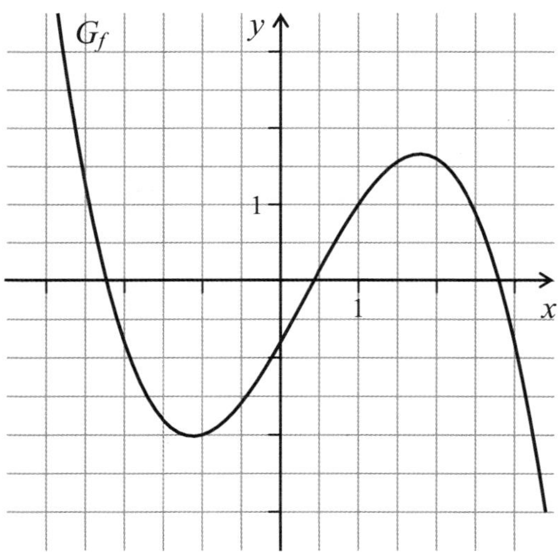

Funktionsgleichung:

$f(x) = -\frac{3}{10}x^3 + \frac{3}{10}x^2 + \frac{9}{5}x - \frac{4}{5}$

- *Steigungswert an der Stelle* $x = 1$: ____
- *Rechnung*

17. Die Abbildung zeigt jeweils den Graphen G_f einer ganzrationalen Funktion.
- Bestimmen Sie zunächst zeichnerisch diejenigen Stellen, in denen der Funktionsgraph die angegebene Steigung besitzt.
- Bestätigen Sie Ihr Ergebnis anschließend durch eine Rechnung.

a)

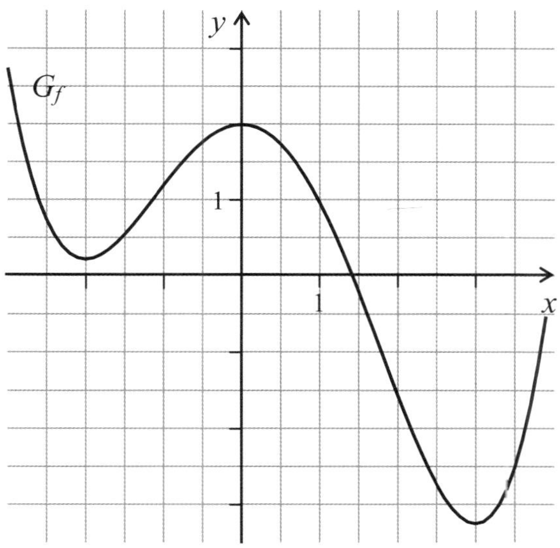

Funktionsgleichung

$$f(x) = \frac{1}{12}x^4 - \frac{1}{9}x^3 - x^2 + 2$$

- *Stellen mit Steigung* 0 (abgelesen)

____

- *Rechnung*

b)

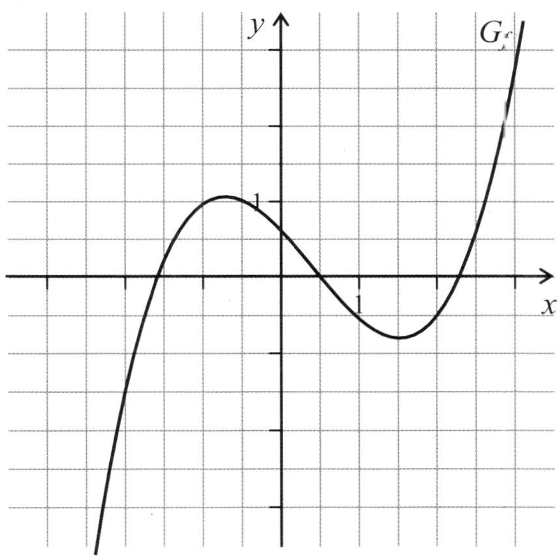

Funktionsgleichung

$$f(x) = \frac{1}{3}x^3 - \frac{1}{2}x^2 - x + \frac{3}{5}$$

- *Stellen mit Steigung* 1 (abgelesen)

____

- *Rechnung*

18. Welche der folgenden Funktionen besitzen die Funktion f mit $f(x) = 3x^2 - 2x + 2$ als Ableitungsfunktion? Kreuzen Sie zutreffende Funktionen an.

☐ $F_1(x) = x^3 - x^2 + 2x + 3$ ☐ $F_2(x) = 6x - 2$

☐ $F_3(x) = x^3 + 2x - x^2 + \frac{1}{3}$ ☐ $F_4(x) = x^3 - x^2 + 2(x-1)$

→ 1.1.7 Seiten 18 - 20

1.1.8 Graphen von Funktion und Ableitungsfunktion

Graphisches Ableiten

19. Ergänzen Sie in dem gegebenen Koordinatensystem den Graphen der Ableitungsfunktion f' von f in Farbe.
    - Berücksichtigen Sie dabei die Lage der charakteristischen Punkte des Graphen G_f.
    - Ermitteln Sie aus der Abbildung für die Ableitung f' Näherungswerte an den Wendestellen sowie die Grenzwerte für $x \to \pm\infty$.

a)

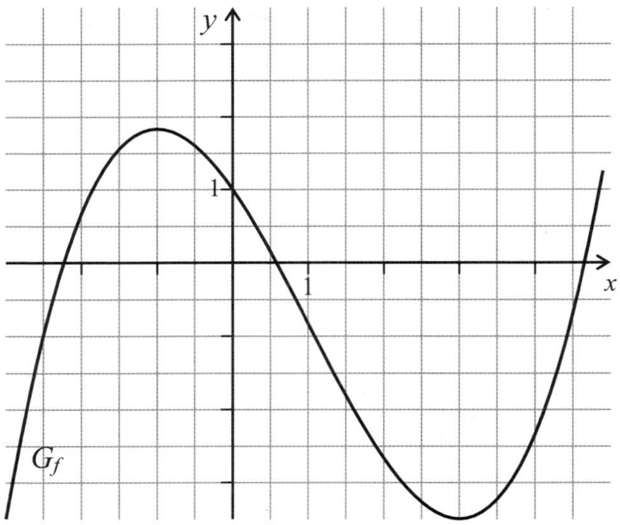

Extremstellen:

x_{E_1} = ____ , x_{E_2} = ____

Wendestelle:

$x_W \approx$ ____

Näherungswert für die Wendstelle:

$f'(x_W) \approx$ ____

Grenzwerte für die Steigung:

$\lim_{x\to-\infty} f'(x) =$ ____ , $\lim_{x\to+\infty} f'(x) =$ ____

Vorzeichentabelle:

x	$-\infty$				1			$+\infty$
G_f		⇗	HP					
$f'(x)$	$+\infty \leftarrow$				TP			

b)

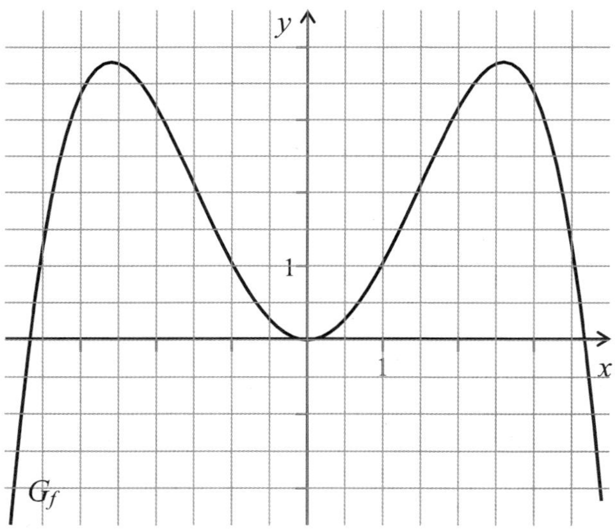

Extremstellen:

$x_{E_1} \approx$ ____ , x_{E_2} = ____ , $x_{E_3} \approx$ ____

Wendestellen:

$x_{W_1} \approx$ ______ ; $x_{W_2} \approx$ ______

Näherungswerte für die Wendstellen:

$f'(x_{W_1}) \approx$ ____ ; $f'(x_{W_2}) \approx$ ____

Grenzwerte für die Steigung:

$\lim_{x\to-\infty} f'(x) =$ ____ , $\lim_{x\to+\infty} f'(x) =$ ____

Vorzeichentabelle:

x	$-\infty$						$+\infty$
G_f							
$f'(x)$							

Zusammenhang zwischen den Graphen von Funktion und Ableitungsfunktion

20. Gegeben ist der Graph G_f einer ganzrationalen Funktion f. Kreuzen Sie diejenigen Aussagen an, die für die Ableitungsfunktion f' zutreffen.

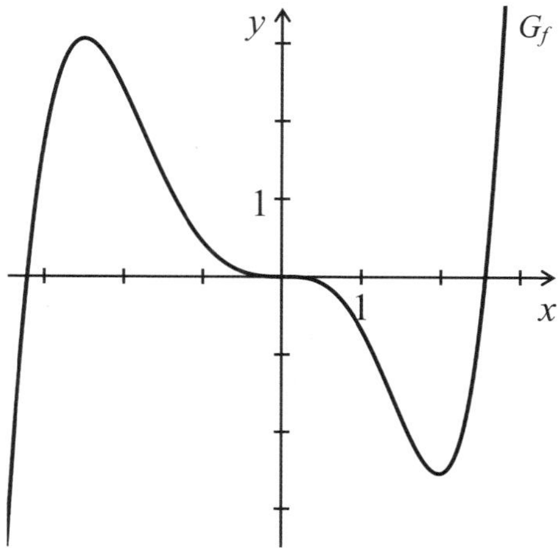

$f'(-3) > 0$	☐
$f'(-1{,}5) = 0$	☐
$f'(-2{,}5) = f'(0)$	☐
$f'(-2{,}5) = f'(2)$	☐
$f'(-1) > 0$	☐

21. In den Abbildungen a) bis d) sind die Graphen von ganzrationalen Funktionen dargestellt. Die Abbildungen ① bis ⑧ zeigen die Graphen weiterer Funktionen, darunter auch die der Ableitungsfunktionen von a) bis d).
Welche Graphen gehören zusammen? Begründen Sie Ihre Zuordnung mündlich.

Ganzrationale Funktionen

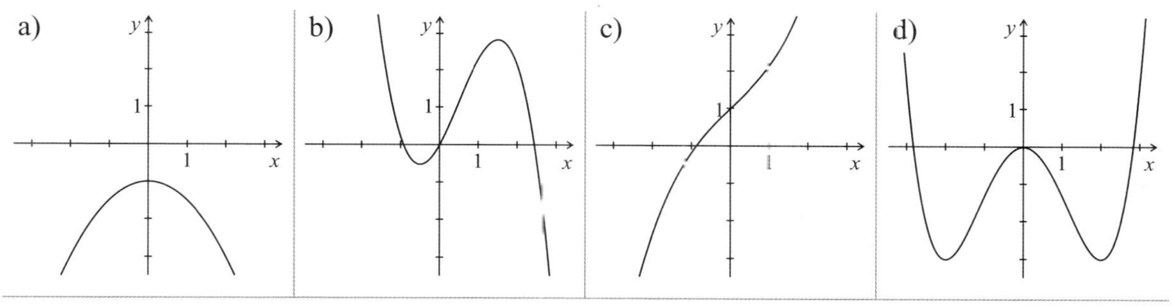

Weitere Funktionen

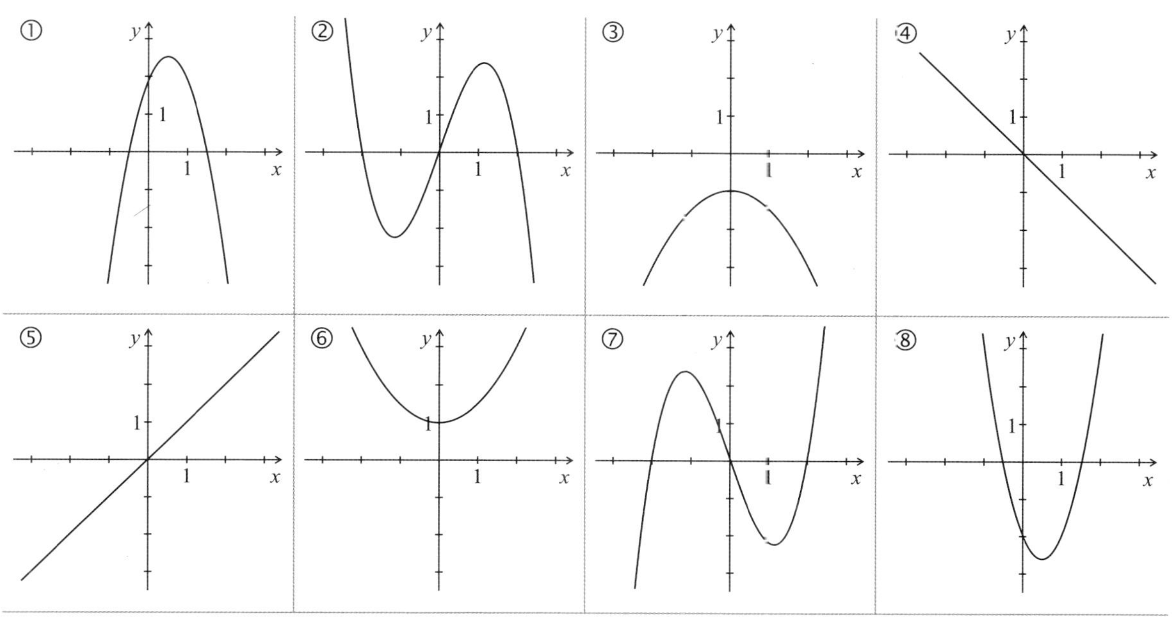

Zuordnungen: a) → ____ b) → ____ c) → ____ d) → ____

🕮 → 1.1.8 Seiten 21 - 23

1.1.9 Deutung der Ableitung als lokale Änderungsrate

22. Vergleichen Sie die mittlere und die momentane Änderungsrate einer Funktion.

mittlere Änderungsrate

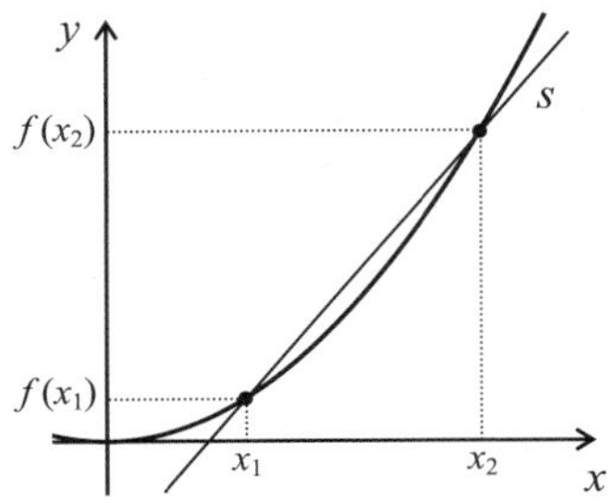

Die mittlere Änderungsrate entspricht der Steigung einer ________ .

Man betrachtet die ________ Steigung in einem Intervall $[x_1 ; x_2]$.

Die mittlere Änderungsrate berechnet sich als ________

$\overline{m} =$ ________ .

momentane Änderungsrate

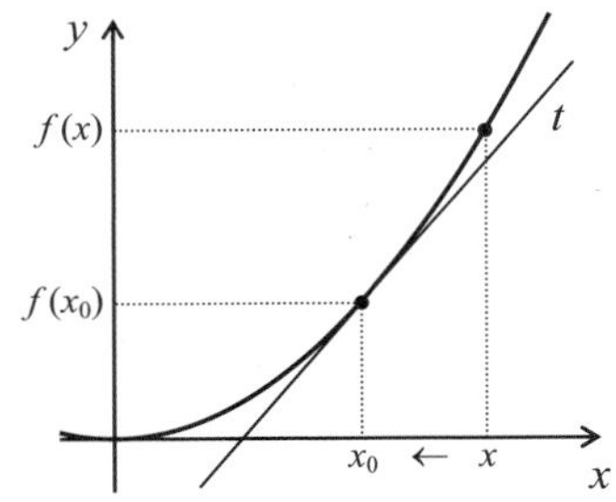

Die momentane Änderungsrate entspricht der Steigung einer ________ .

Man betrachtet die ________ Steigung an einer Stelle x_0.

Die momentane Änderungsrate berechnet als sich ________

$f'(x_0) =$ ________ .

Begriffe oder Terme: Differenzialquotient, Differenzenquotient, durchschnittliche, lokale, Tangente, Sekante, $\lim\limits_{x \to x_0}\left(\frac{f(x)-f(x_0)}{x-x_0}\right)$, $\frac{f(x_2)-f(x_1)}{x_2-x_1}$

23. Gegeben ist der Graph G_f einer Funktion f.

- Betrachten Sie die Terme auf den linken Seiten der Aussagen. Veranschaulichen Sie diese Terme in der Abbildung durch eine Gerade (verschiedene Farben wählen).
- Geben Sie die Bedeutung dieser Terme als Änderungsrate an.
- Kreuzen Sie die wahren Aussagen an. Begründen Sie jeweils Ihre Entscheidung.

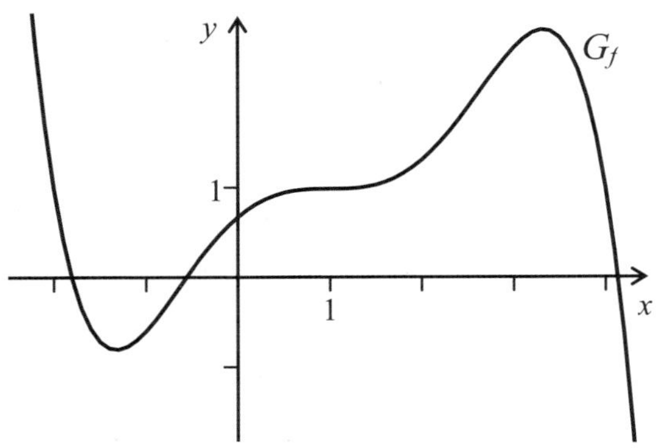

	Aussage	Bedeutung		Begründung
①	$\frac{f(4)-f(-2)}{6} = 0$		☐	
②	$f'(-2) > 0$		☐	
③	$\frac{f(4)-f(0)}{4} < 0$		☐	
④	$f'(0) > 0$		☐	

→ 1.1.9 Seiten 24 - 26

24. Gegeben sind die Graphen von Funktionen.
- Entscheiden Sie, zu welchem Graphen die nachstehend angegebene Änderungsrate jeweils gehört.
- Veranschaulichen Sie Ihre Entscheidung in der jeweils zutreffenden Abbildung.

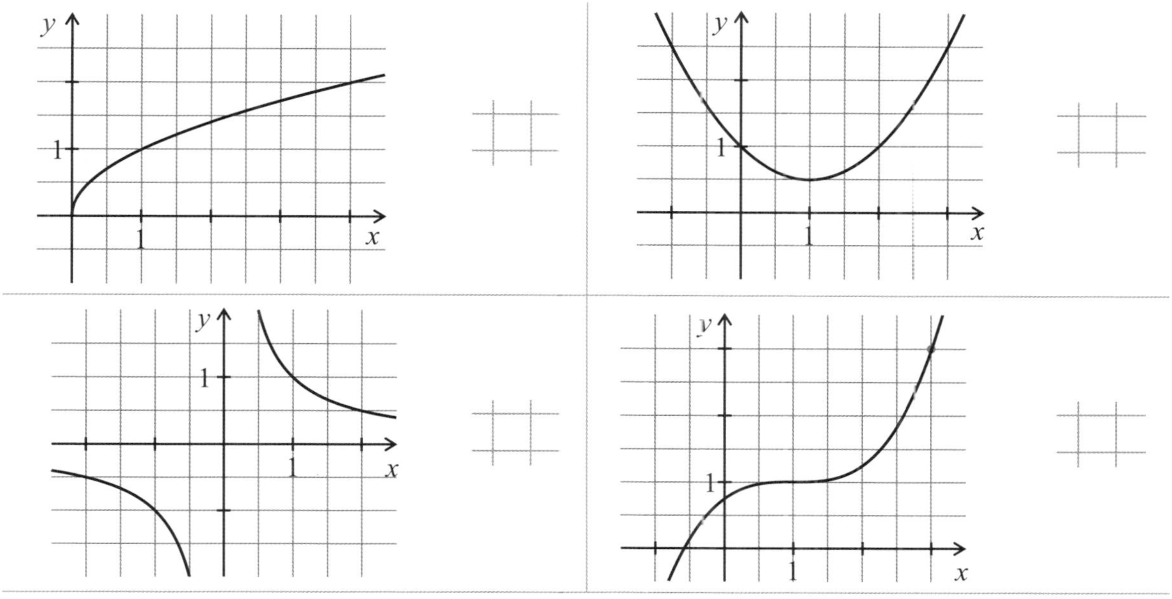

① $f'(1) = -1$ ② $f'(0) = -1$ ③ $\frac{3-1}{3-1} = 1$ ④ $\frac{2-1}{4-1} = \frac{1}{3}$

25. Interpretieren Sie die Bedeutung der gegebenen Terme bzw. der Gleichung im beschriebenen Sachzusammenhang.

a) In ein Wasserbecken wird ab dem Zeitpunkt $t = 0$ Wasser eingelassen.
Die Funktion h beschreibt die Höhe des Wasserspiegels zum Zeitpunkt t.
Dabei wird $h(t)$ in cm und t in min gemessen.

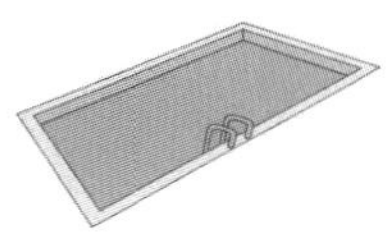

$$\frac{h(6) - h(3)}{3}$$

b) Eine neue Aktie wird an der Börse platziert. Der Kurs wird ab dem Tag der Neuemission beobachtet.
$E(0)$ bezeichnet den Emissionspreis in Euro, $E(t)$ den Kurs nach t Tagen.

$$\frac{E(7) - E(0)}{7} = -1$$

c) In modernen Wetterstationen wird durch elektronische Messgeräte rund um die Uhr die Lufttemperatur erfasst. Die Funktion T beschreibt die gemessene Temperatur. $T(t)$ gibt die Temperatur in °C, t die Uhrzeit in Stunden an.

$$\lim_{t \to 9}\left(\frac{T(t) - T(9)}{t - 9}\right)$$

→ 1.1.9 Seiten 24 - 26

26. Bei der Verabreichung eines Medikaments wird die im Blut eines Patienten aufgenommene Wirkstoffmenge durch den folgenden Graphen G_f einer Funktion f beschrieben. Dabei ist t die Zeit seit Verabreichung in Stunden und $f(t)$ die Wirkstoffmenge im Blut in mg.

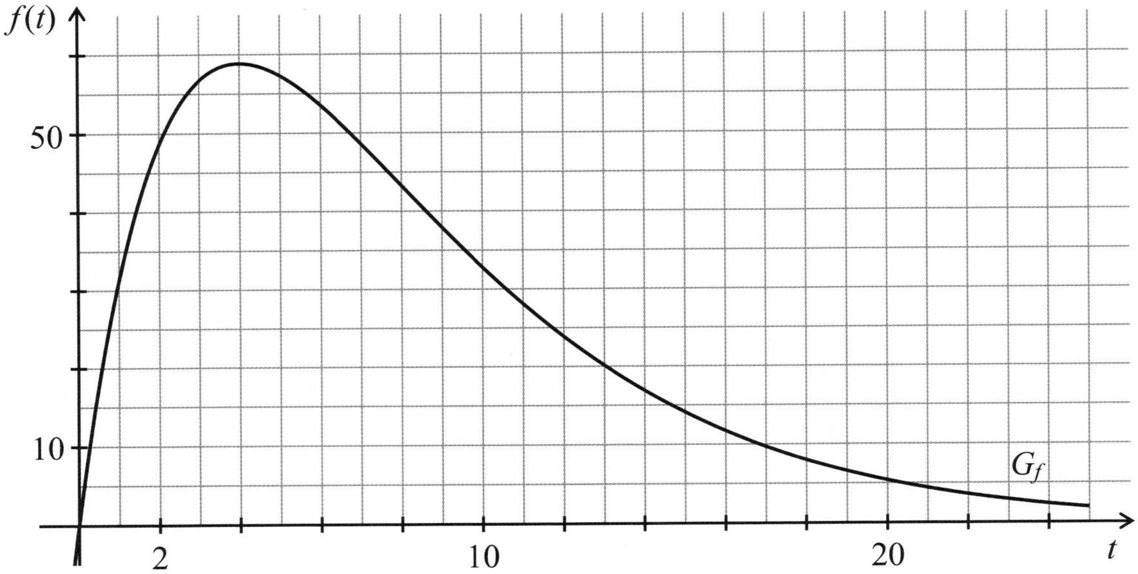

a) Geben Sie die im Blut vorhandene Wirkstoffmenge nach 6 Stunden an.

b) Nach welcher Zeit erreicht die Wirkstoffmenge im Blut ihren höchsten Wert?
Geben Sie diesen Wert an.

c) Bestimmen Sie ein Zeitintervall, in welchem die Wirkstoffmenge mindestens 30 mg beträgt.

d) Bestimmen Sie die mittlere Änderungsrate in der zweiten Stunde nach Verabreichung.

e) Bestimmen Sie die momentane Änderungsrate zum Zeitpunkt 13 Stunden.

f) Interpretieren Sie die Gleichung $f(t + 2) = f(t) - 10$ im Sachzusammenhang und geben Sie eine Lösung dieser Gleichung an.

Lösung:

Interpretation der Gleichung

27. Die Abbildung zeigt das Höhenprofil eines beliebtesten Wander- und Laufwegs.

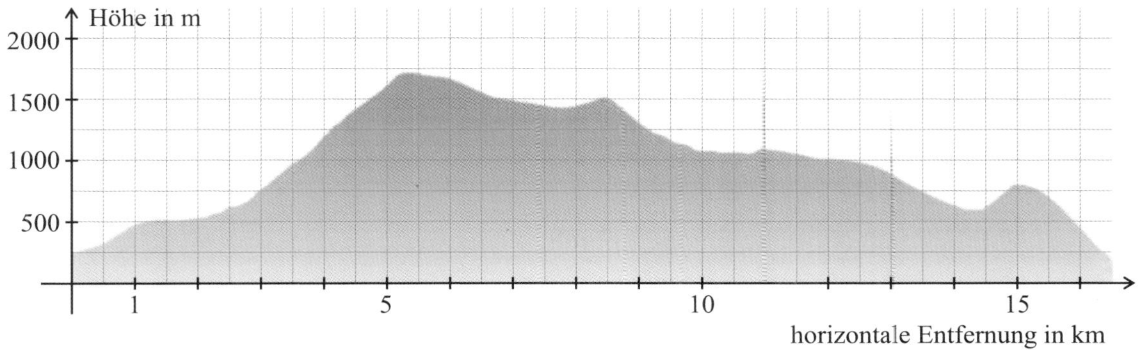

a) Welche Steigung legt ein Wanderer im Mittel vom Anfang bis zum höchsten Gipfel zurück?

b) Schätzen Sie ab, welchen Wert die Steigung unmittelbar vor dem höchsten Gipfel besitzt.

c) Welches durchschnittliche Gefälle muss ein Wanderer auf dem Weg vom zweiten bis zum letzten Gipfel zu bewältigen?

28. Betrachtet wird allgemein eine ganzrationale Funktion f mindestens zweiten Grades. Die mittlere Änderungsrate von f hat im Intervall $[x_1\,;\,x_2]$ den Wert 1.

Beschreiben Sie diesen Sachverhalt durch eine Gleichung: ______________________

Welche der folgenden Aussagen treffen auf die Funktion f zu? Kreuzen Sie die wahren Aussagen an und begründen Sie Ihre Entscheidung.

a) Es gilt: $f(x_2) > f(x_1)$. ☐

b) Die Funktion f ist im Intervall $[x_1\,;\,x_2]$ streng monoton steigend. ☐

c) Es gilt: $f'(x) = 1$ für alle $x \in [x_1\,;\,x_2]$. ☐

d) Im Intervall $[x_1\,;\,x_2]$ gibt es mindestens eine Stelle x mit $f(x) = 1$. ☐

e) Es gilt: $x_2 - x_1 = f(x_2) - f(x_1)$. ☐

1.2 Extremstellen- und Wendestellenkriterien

1.2.1 Extremstellenkriterien

1. Skizzieren Sie einen möglichen Graphen einer ganzrationalen Funktion f dritten Grades mit den folgenden Eigenschaften:
   - f ist in $]-\infty\,;\,-3]$ streng monoton fallend.
   - f ist in $[-3\,;\,0]$ streng monoton wachsend.
   - f ist für $x \geq 0$ streng monoton fallend.
   - $H(0 \mid 2)$ ist ein Hochpunkt von G_f.
   - G_f schneidet in $N(2 \mid 0)$ die x-Achse.

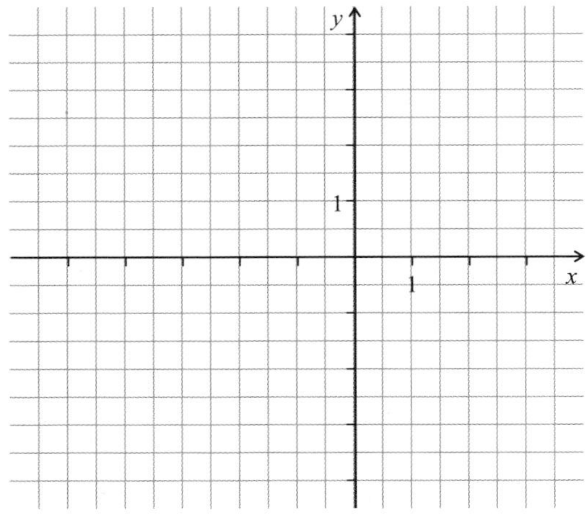

2. Die Abbildung zeigt den Graphen G_f einer ganzrationalen Funktion f.
   Welche der angegebenen Aussagen treffen zu? Kreuzen Sie die wahren Aussagen an und begründen Sie Ihre Entscheidung.

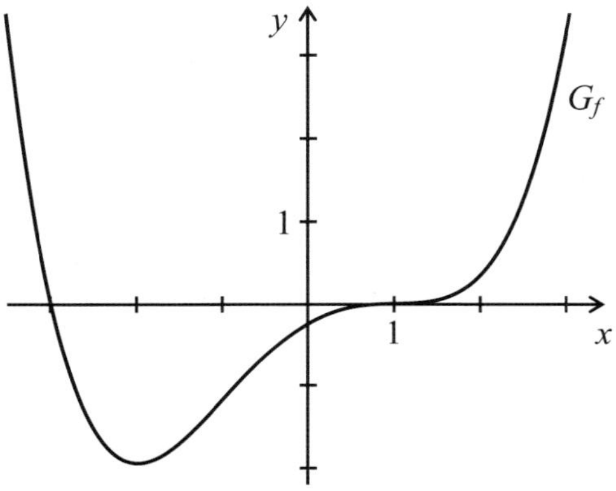

Hilfe: Vorzeichentabelle

x	$-\infty$	$+\infty$
G_f		
$f'(x)$		

a) Die Funktion f ist in $[-2\,;\,+\infty[$ streng monoton wachsend. ☐

b) Die Funktionswerte von f' sind im Intervall $]-2\,;\,-1]$ negativ. ☐

c) Es gilt $f'(x) \geq 0$ für alle $x \geq 0$. ☐

d) Die Funktion f' hat an der Stelle $x = 1$ eine Nullstelle. ☐

e) Die Funktion f' hat an der Stelle $x = 1$ lokales Extremum. ☐

f) Der Graph von f hat an der Stelle Stelle $x = -2$ eine Tangente, die parallel zur Geraden $y = 1$ ist. ☐

📖 → 1.2.1 Seiten 27 - 30

3. Betrachtet wird eine ganzrationale Funktion f mit vorgegebenen Eigenschaften.
   - Fertigen Sie im vorgegebenen Koordinatensystem eine Skizze des Graphen an.
   - Geben Sie einen möglichen Funktionsterm für die Funktion f an.

a) Die Funktion f hat
- $(-1 \mid 0)$ als Sattelpunkt,
- $(2 \mid 0)$ als Hochpunkt.

Mögliche Funktionsgleichung

$f(x) =$ ______________

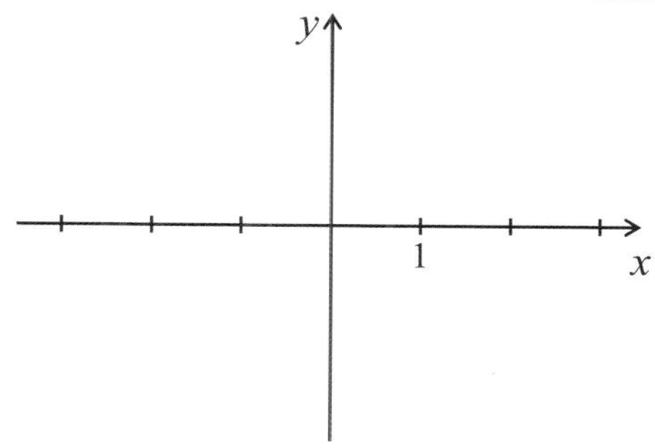

b) Die Funktion f hat
- $(1 \mid 0)$ als Hochpunkt.

Mögliche Funktionsgleichung

$f(x) =$ ______________

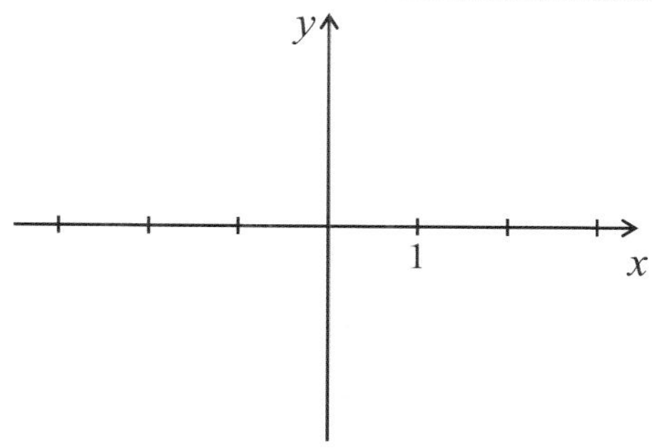

c) Die Funktion f hat
- $(-1 \mid 0)$ als Tiefpunkt,
- $(2 \mid 0)$ als Tiefpunkt.

Mögliche Funktionsgleichung

$f(x) =$ ______________

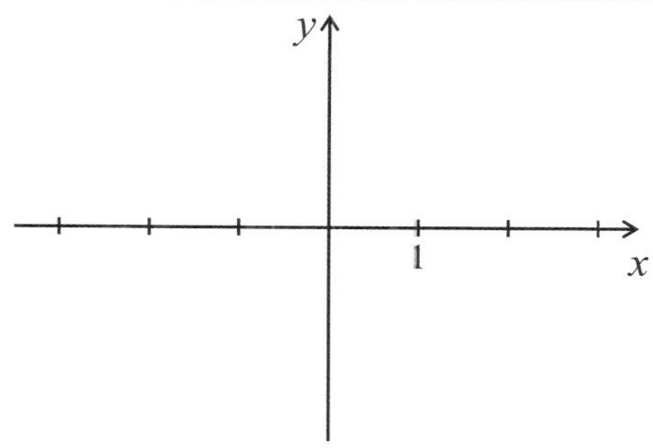

4. Für eine Funktion f ist jeweils der Graph $G_{f'}$ der Ableitungsfunktion f' dargestellt.
   - Lesen Sie die Stellen ab, in denen G_f eine waagerechte Tangente besitzt
   - Kreuzen Sie an, wenn es sich um eine lokale Extremstelle handelt.
   - Notieren Sie, ob eine Minimum-, eine Maximum- oder eine Sattelstelle vorliegt.

a)

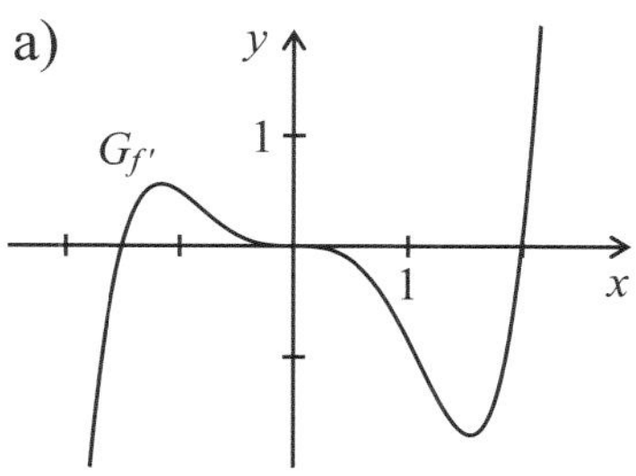

Stellen: Art der Stelle:

$x_1 =$ ______ ☐ __________

$x_2 =$ ______ ☐ __________

$x_3 =$ ______ ☐ __________

b)

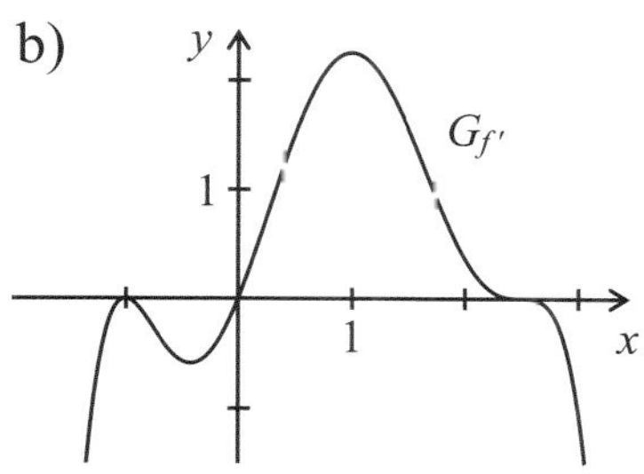

Stellen: Art der Stelle:

$x_1 =$ ______ ☐ __________

$x_2 =$ ______ ☐ __________

$x_3 =$ ______ ☐ __________

c)

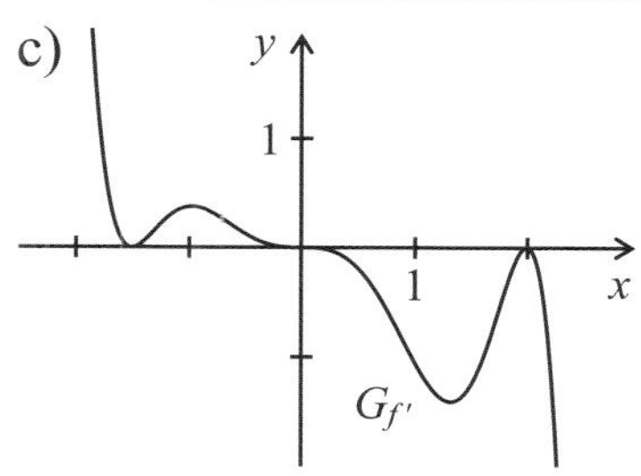

Stellen: Art der Stelle:

$x_1 =$ ______ ☐ __________

$x_2 =$ ______ ☐ __________

$x_3 =$ ______ ☐ __________

📖 → 1.2.1 Seiten 27 - 30

5. Die Abbildung zeigt den Graphen $G_{f'}$ der Ableitungsfunktion $f\,'$ einer ganzrationalen Funktion f.

Welche Aussagen sind wahr?
Kreuzen Sie die zutreffenden Aussagen an.
Begründen Sie jeweils Ihre Entscheidung.

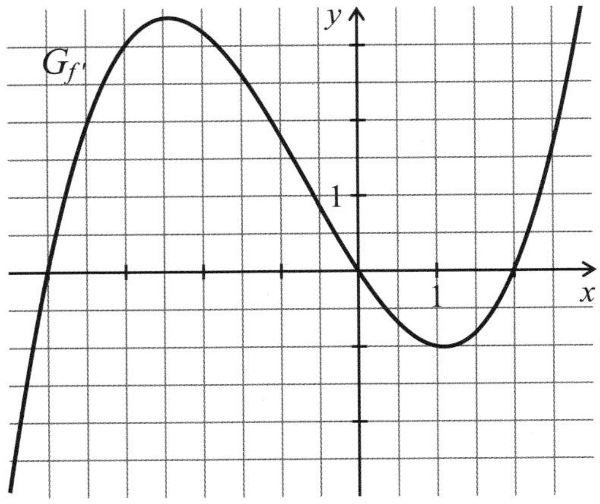

a) Der Graph von f hat an der Stelle $x = 0$ eine waagerechte Tangente. ☐

b) Der Graph von f hat für $x = 2$ ein lokales Maximum. ☐

c) An der Stelle $x \approx -2{,}5$ besitzt G_f einen Hochpunkt. ☐

d) Die Funktion f ist in dem Intervall $[-2{,}5\ ;\ 1]$ streng monoton fallend. ☐

e) Es gilt: $f(-2) < f(-1)$. ☐

6. Welche der folgenden Aussagen über eine ganzrationale Funktion f sind wahr? Kreuzen Sie die zutreffenden Aussagen an und begründen Sie Ihre Entscheidung.

a) Wenn die Funktion f an der Stelle x_0 ihr Monotonieverhalten ändert, dann ist x_0 Extremstelle von f. ☐

b) Wenn x_0 eine Extremstelle von f ist, dann gilt $f''(x) = 0$. ☐

c) Wenn $f'(x_0) = 0$ gilt, dann ist x_0 eine Extremstelle von f. ☐

d) Wenn x_0 eine Extremstelle von f ist, dann ändert G_f an der Stelle x_0 das Krümmungsverhalten. ☐

e) Wenn x_0 eine Extremstelle von f ist, dann gilt $f'(x) < 0$ für $x < x_0$ und $f'(x) > 0$ für $x > x_0$. ☐

📖 → 1.2.1 Seiten 27 - 30

7. Ordnen Sie jedem abgebildeten Graphen G_f einer Funktion f die zutreffende der nachfolgend angegebenen Eigenschaften zu.

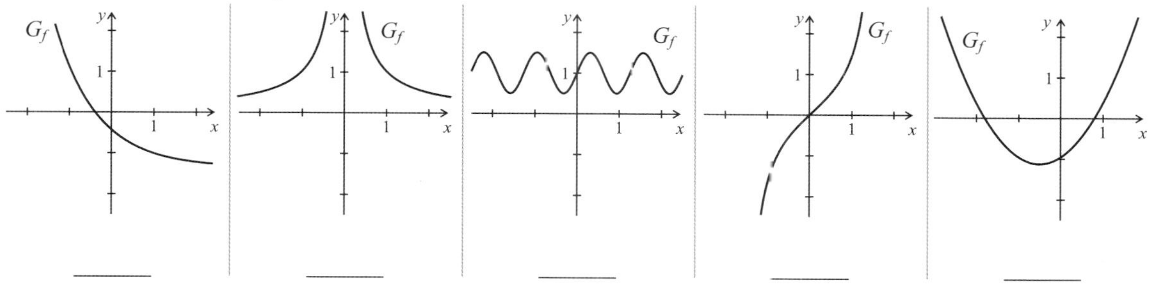

Eigenschaften

A	$f(x)$ ist ausnahmslos positiv.	B	$f(x)$ ist ausnahmslos negativ.
C	$f'(x)$ ist ausnahmslos positiv.	D	$f'(x)$ ist ausnahmslos negativ.
E	nur für $x > 0$ ist $f'(x)$ positiv.	F	nur für $x > 0$ ist $f'(x)$ negativ.
G	nur für $x < 0$ ist $f'(x)$ positiv.	H	nur für $x < 0$ ist $f'(x)$ negativ.
I	$f'(x)$ hat genau einen Vorzeichenwechsel, und zwar der Form $-\,0\,+$.	J	$f'(x)$ hat genau einen Vorzeichenwechsel, und zwar der Form $+\,0\,-$.

8. Die Abbildungen zeigen jeweils den Ausschnitt eines ganzrationalen Funktionsgraphen.
   - Entscheiden Sie, wenn möglich ohne Rechnung, ob es außerhalb des dargestellten Ausschnitts Extrempunkte des Graphen gibt.
   - Begründen Sie Ihre Entscheidung, gegebenenfalls durch Berechnung der nicht dargestellten Extremstellen.

a)

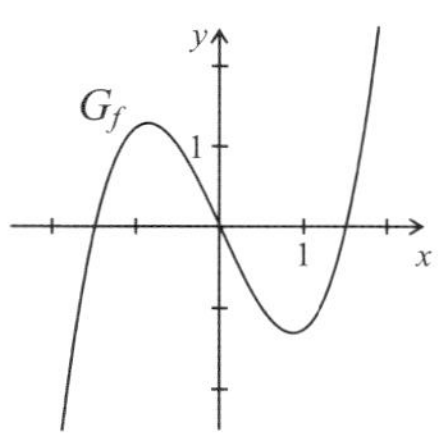

$f(x) = x^3 - \frac{9}{4}x$

☐ keine Extremstelle außerhalb

☐ fehlende Extremstelle : ______

b)

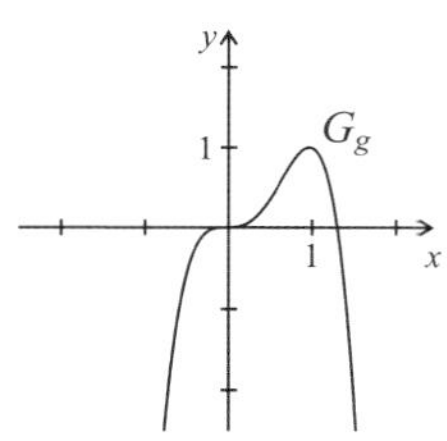

$g(x) = -3x^4 + 4x^3$

☐ keine Extremstelle außerhalb

☐ fehlende Extremstelle : ______

c)

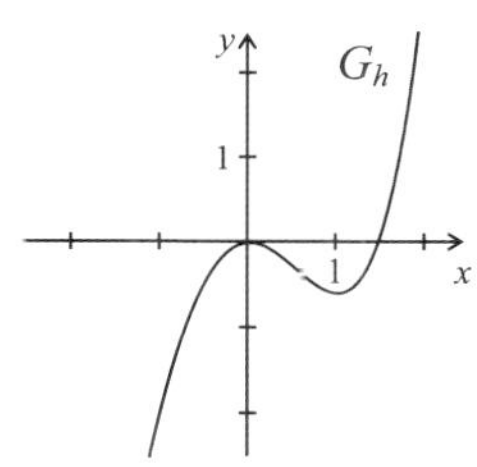

$h(x) = \frac{1}{4}x^4 + \frac{2}{3}x^3 - \frac{3}{2}x^2$

☐ keine Extremstelle außerhalb

☐ fehlende Extremstelle : ______

d)

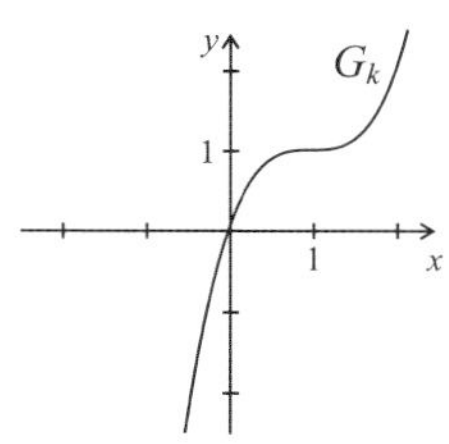

$k(x) = x^3 - 3x^2 + 3x$

☐ keine Extremstelle außerhalb

☐ fehlende Extremstelle : ______

Begründungen und Rechnungen

1.2.2 Wendestellenkriterien

9. Skizzieren Sie den Graphen einer ganzrationalen Funktion f dritten Grades, die den Hochpunkt $H(-3 \mid 1)$, den Tiefpunkt $T(-1 \mid -3)$ sowie den Wendepunkt $W(-2 \mid -1)$ besitzt.

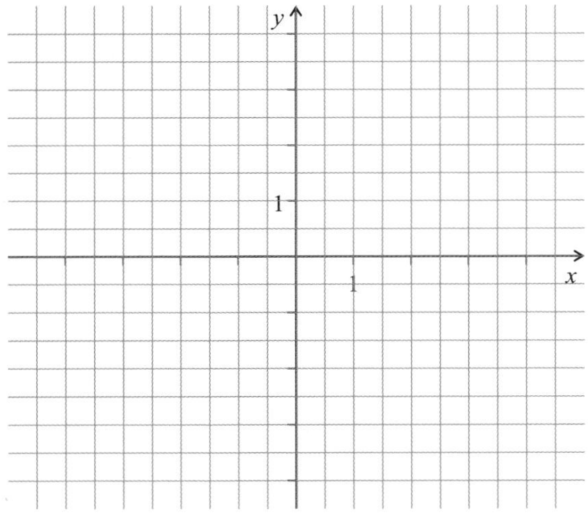

Notieren Sie für Ihren gezeichneten Graphen

- *die Monotonieintervalle*

- *die Krümmungsintervalle*

10. In der Abbildung ist der Graph G_f einer ganzrationalen Funktion f dargestellt.

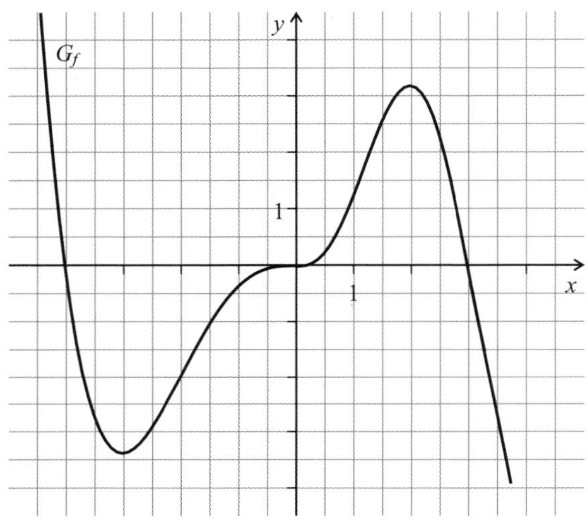

Kennzeichnen Sie im Schaubild die Extrem- und Wendepunkte und notieren Sie ihre Koordinaten:

Extrempunkte

Wendepunkte

Entscheiden Sie, welche der folgenden Aussagen wahr sind.
Begründen Sie Ihre Entscheidung.

a) $f''(x) > 0$ für alle $x \in]0\,;\,3[$ ☐ wahr ☐ falsch

b) $f''(x) > 0$ für alle $x \in]-\infty\,;\,-3]$ ☐ wahr ☐ falsch

c) $f''(0) = 0$ ☐ wahr ☐ falsch

d) $f''(3) = 0$ ☐ wahr ☐ falsch

e) $f''(-3) = f''(2)$ ☐ wahr ☐ falsch

📖 → 1.2.2 Seiten 31 - 33

11. Die Abbildungen zeigen jeweils den Graphen G_f einer Funktion f.
- Zeichnen Sie den Ausschnitt des Graphen farbig, der zum Intervall $[-1\,;\,1]$ gehört.
- Gilt $f''(x) > 0$ im Intervall $[-1\,;\,1]$?
  Kreuzen Sie die zutreffenden Graphen an. Begründen Sie Ihre Entscheidung.

a)
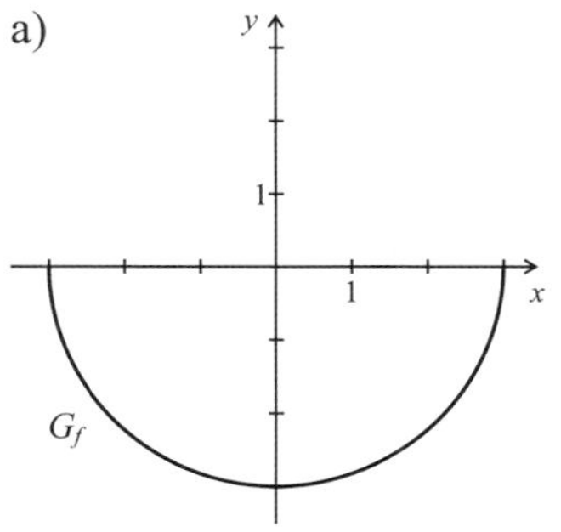

☐

b)
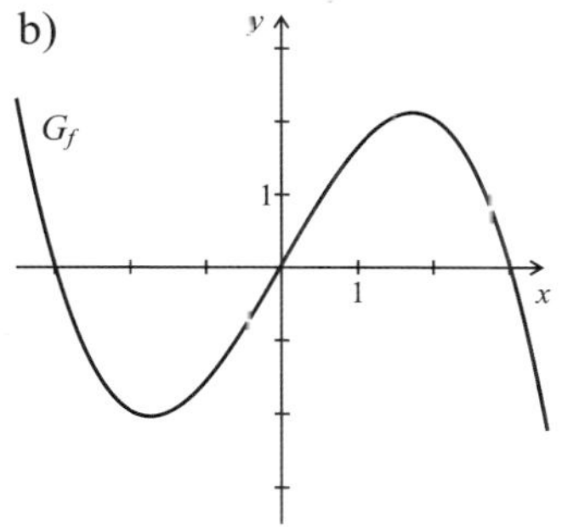

☐

c)
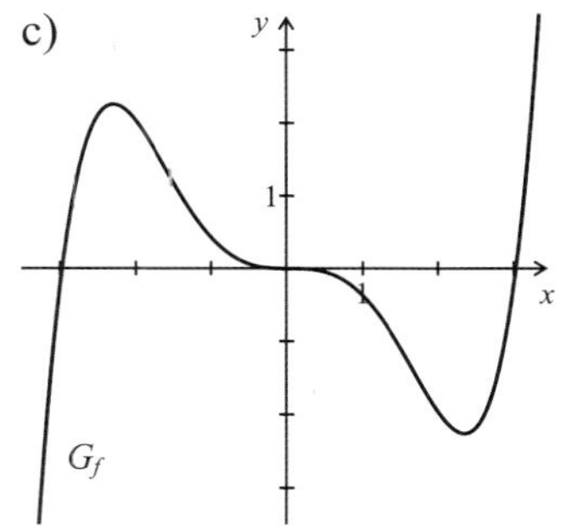

☐

d)
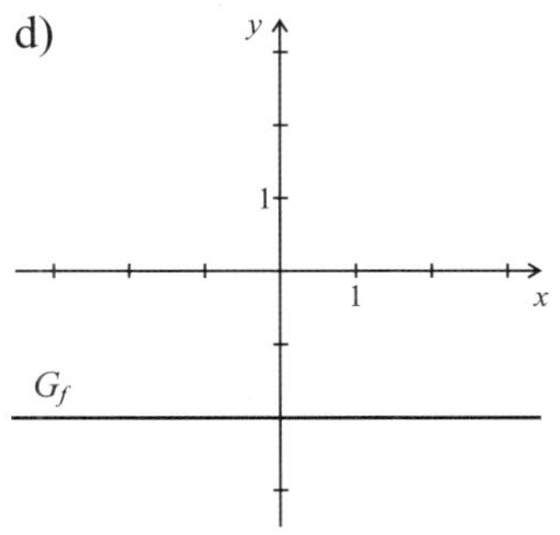

☐

e)
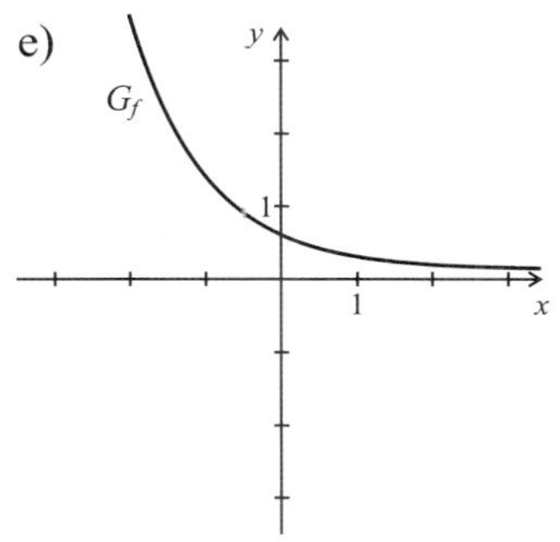

☐

f)*
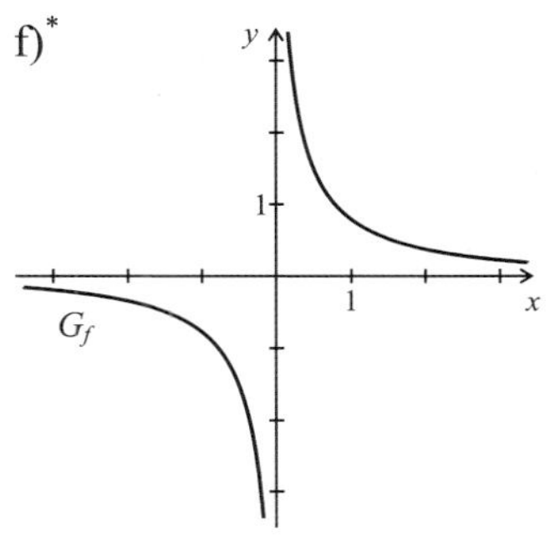

☐

12. Welche der folgenden Aussagen über eine ganzrationale Funktion f sind wahr?
Kreuzen Sie die zutreffenden Aussagen an. Begründen Sie jeweils Ihre Entscheidung.

a) Wenn der Graph von f an der Stelle x_0 das Krümmungsverhalten ändert, dann ist x_0 eine Wendstelle von G_f. ☐

b) Wenn $f'(x_0) = 0$ und $f''(x_0) \neq 0$ gilt, dann ist x_0 eine Wendestelle von G_f. ☐

c) Wenn $f''(x_0) = 0$ gilt, dann ist x_0 eine Wendestelle von G_f. ☐

d) Wenn $f''(x_0) = 0$ und $f'(x_0) \neq 0$ gilt, dann ist x_0 eine Wendestelle von G_f. ☐

e) Wenn x_0 eine Nullstelle von f'' mit Vorzeichenwechsel ist, dann ist x_0 eine Wendestelle von G_f. ☐

→ 1.2.2 Seiten 31 - 33

13. Lesen Sie an den Graphen G_f der ganzrationalen Funktion f diejenigen Stellen x_A bzw. x_F ab (sofern vorhanden), in denen der Graph G_f lokal den stärksten Anstieg bzw. das größte Gefälle besitzt.

a) 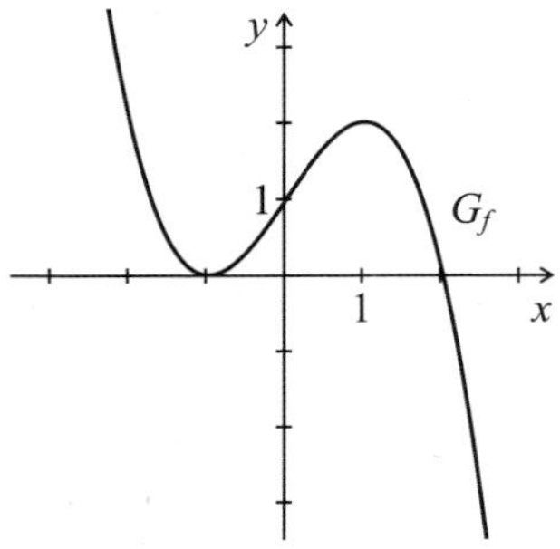

st. Anstieg: $x_A \approx$ _____

gr. Gefälle: $x_F \approx$ _____

b) 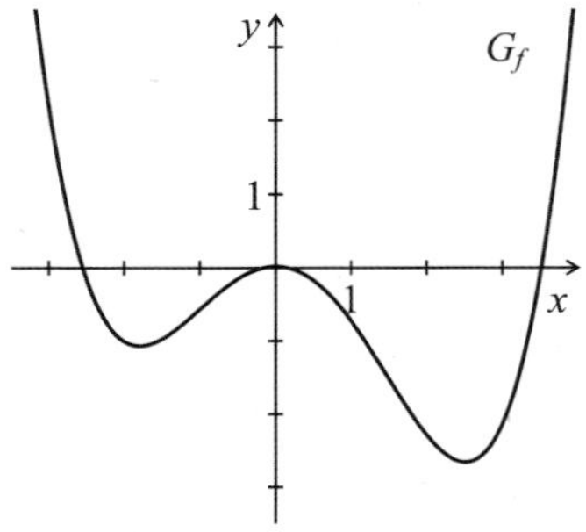

st. Anstieg: $x_A \approx$ _____

gr. Gefälle: $x_F \approx$ _____

c) 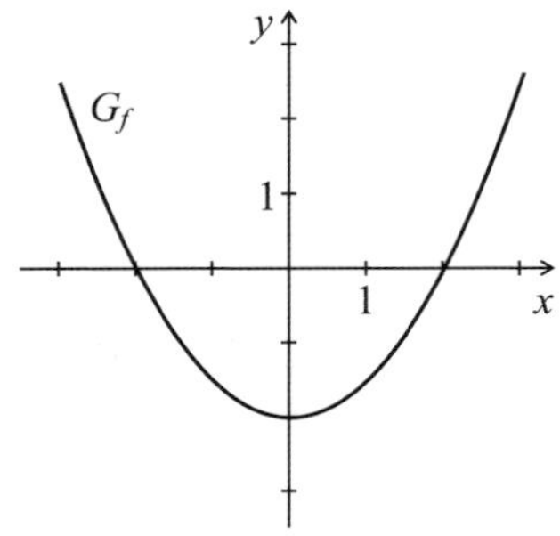

st. Anstieg: $x_A \approx$ _____

gr. Gefälle: $x_F \approx$ _____

d) 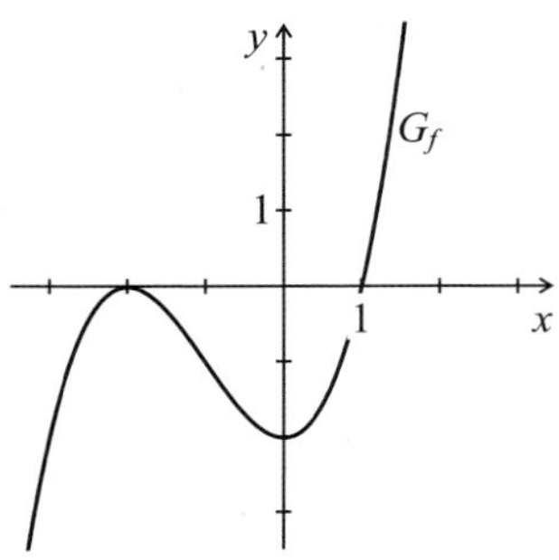

st. Anstieg: $x_A \approx$ _____

gr. Gefälle: $x_F \approx$ _____

e) 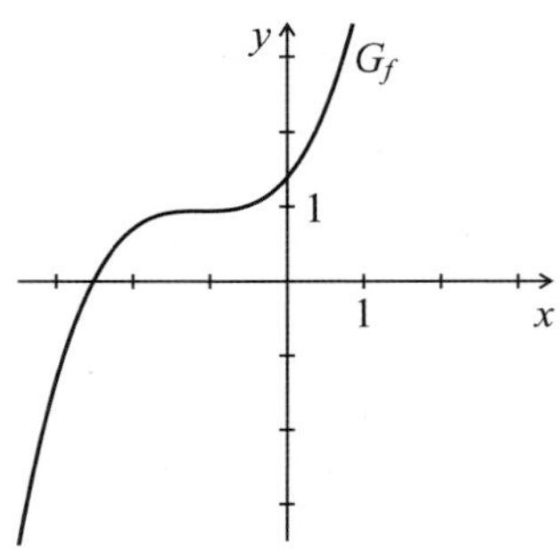

st. Anstieg: $x_A \approx$ _____

gr. Gefälle: $x_F \approx$ _____

f) 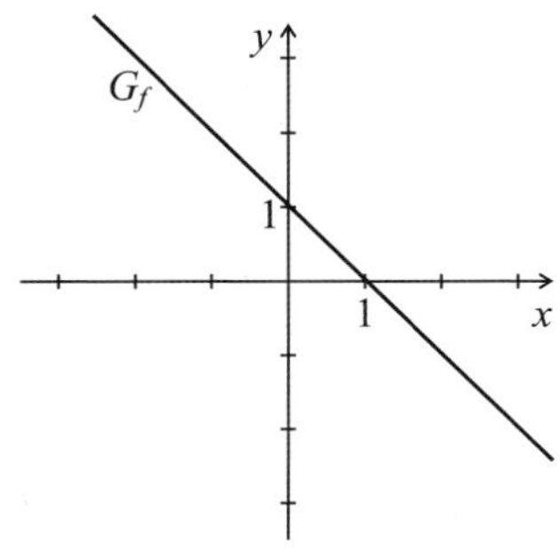

st. Anstieg: $x_A \approx$ _____

gr. Gefälle: $x_F \approx$ _____

14. Zeichnen Sie einen möglichen Graphen einer ganzrationalen Funktion f mit den angegebenen Eigenschaften. Kennzeichnen Sie in der Abbildung die Wendepunkte.

a) Die Funktion f besitzt
- genau zwei Nullstellen,
- genau drei lokale Extremstellen,
- genau zwei Wendestellen.

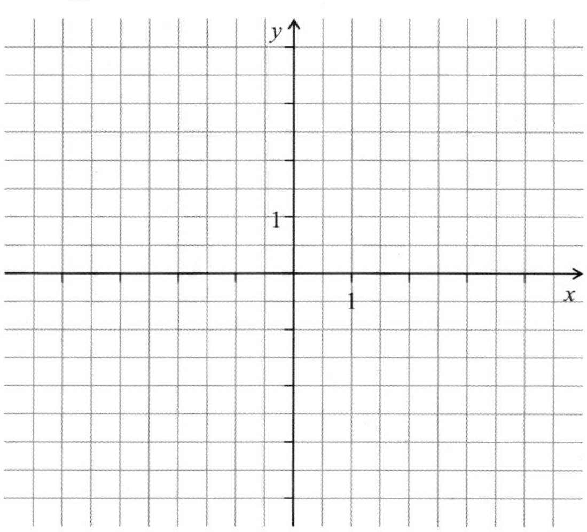

b) Die Funktion f besitzt
- genau eine Nullstelle,
- keine lokale Extremstelle,
- genau eine Wendestelle.

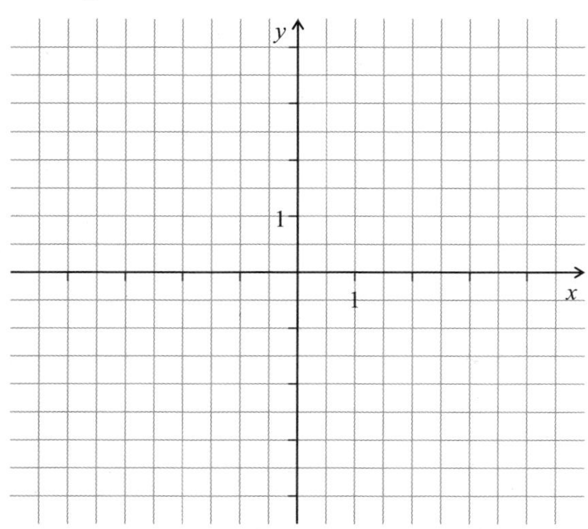

15. Der Graph einer ganzrationalen Funktion f hat genau zwei Wendepunkte. Entscheiden Sie, in welcher der Abbildungen ein möglicher Graph der zweiten Ableitung f'' dargestellt ist. Begründen Sie Ihre Entscheidung.

Zutreffender Graph: ______

①
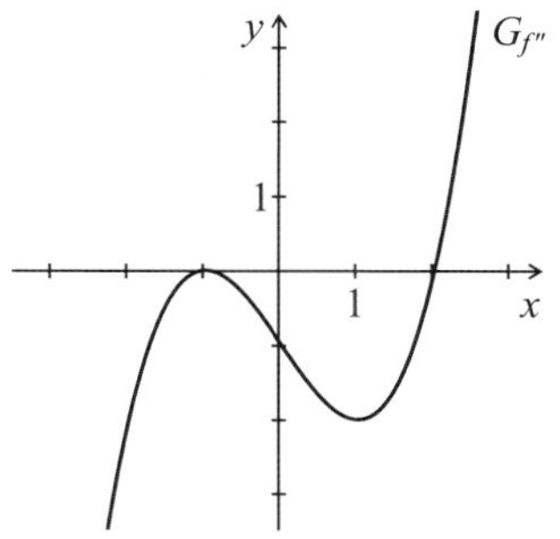

②
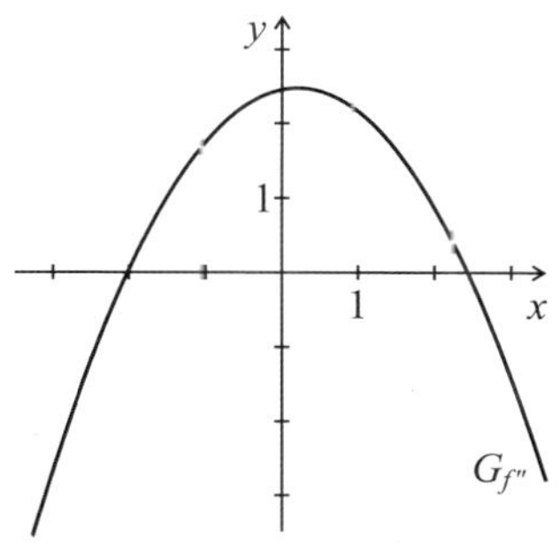

③
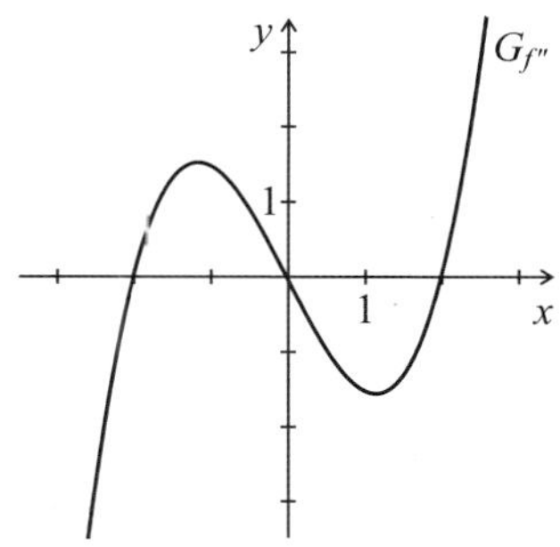

16. Eine Wasserrutsche kann stark vereinfacht durch den Ausschnitt des Graphen G_f einer ganzrationalen Funktion f dargestellt werden. Für $x = 5$ besitzt die Rutsche das stärkste Gefälle.

Entscheiden Sie begründet, welche der Aussagen über die Funktion f wahr sind.

Kreuzen Sie diese Aussagen an.
Begründen Sie jeweils Ihre Entscheidung.

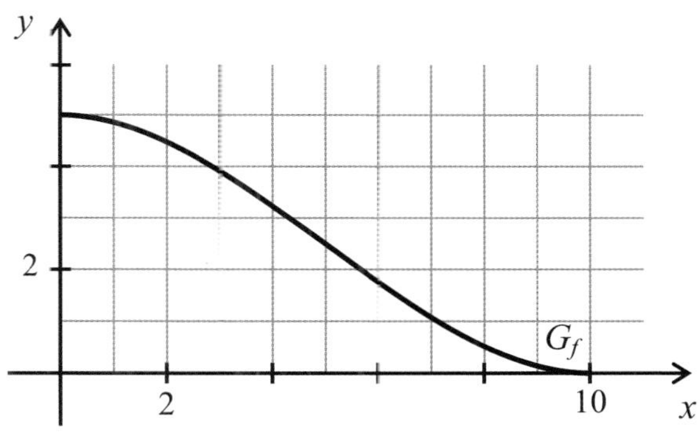

a) $f''(5) = 0$ ☐

b) $f'(5) > 0$ ☐

c) $f''(3) > 0$ ☐

d) $f''(2) < f''(9)$ ☐

e) $f'(7) < f'(9)$ ☐

f)* $f'''(5) > 0$ ☐

→ 1.2.2 Seiten 31 - 33

17. Ein Meinungsforschungsinstitut untersucht die Zustimmungswerte („*Sonntagsfrage*“) für eine bestimmte Partei im Verlaufe eines Jahres.

Die untenstehende Grafik zeigt das Ergebnis.

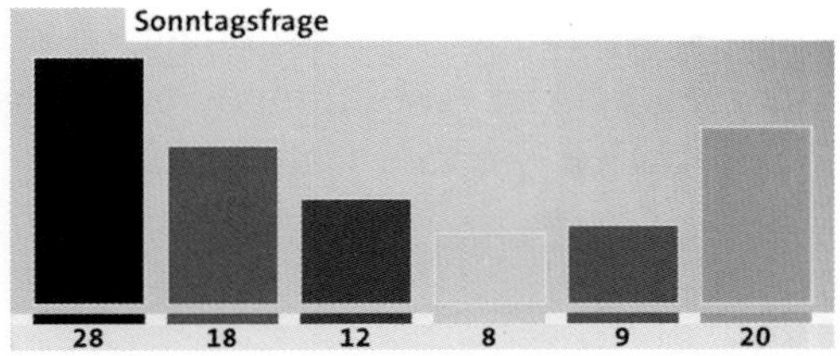

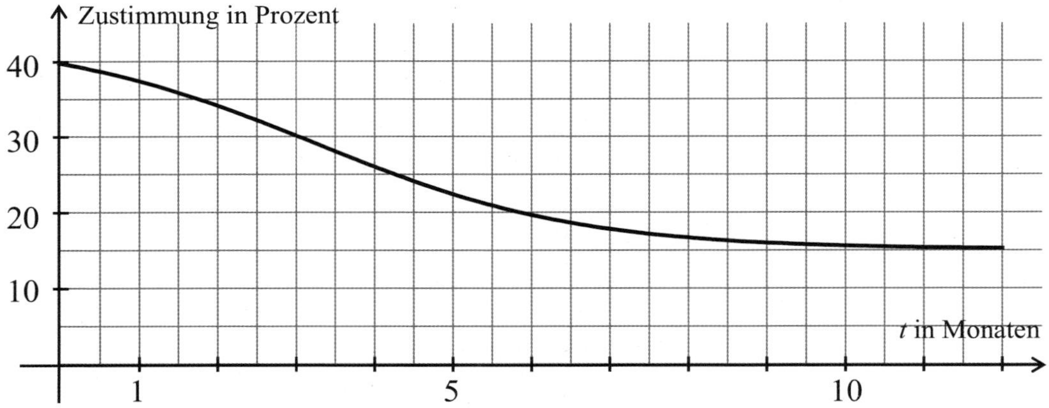

- Das Institut weist darauf hin, dass die Zustimmungswerte im Laufe des ganzen Jahres ständig abgenommen haben.
- Ein Sprecher der Partei entgegnet, dass der Trend im Laufe des Jahres deutlich eingedämmt werden konnte.

a) Begründen Sie, dass beide Aussagen zutreffen.

b) Ab welchem Zeitpunkt tritt die „Eindämmung des Trends“ ein?
Deuten Sie diesen Zeitpunkt aus mathematischer Sicht.

18. Begründen Sie, dass der Graph einer ganzrationalen Funktion zwei Wendepunkte haben kann, zwischen denen kein Extrempunkt liegt.

Zeichnen Sie einen möglichen Graphen und geben Sie eine Funktionsgleichung an.

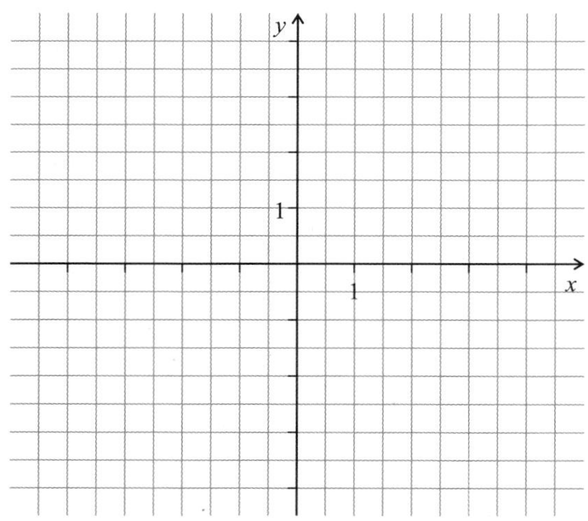

Begründung

Mögliche Funktionsgleichung

$f(x) =$ ______________

1.3 Anwendungen von Steigung und Ableitung

1.3.1 Gleichung von Tangente und Normale

1. Gegeben ist der Graph G_f einer ganzrationalen Funktion f.
   - Ergänzen Sie in der Abbildung die Tangente an den Graphen an der Stelle x_0 und bestimmen Sie anhand der Zeichnung eine Gleichung der Tangente.
   - Bestätigen Sie Ihr Ergebnis durch eine Rechnung.
   - Zeichnen Sie auch die Normale an der Stelle x_0 ein. Welche Steigung hat die Normale?

a) Funktionsgleichung: $f(x) = \frac{1}{2}x^2 + x - \frac{3}{2}$; Stelle $x_0 = -2$

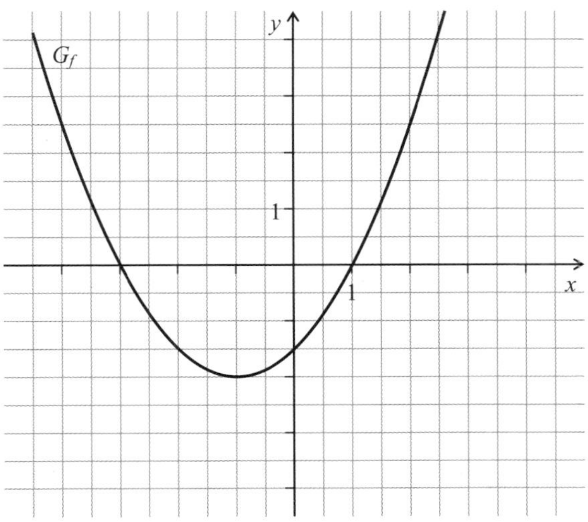

Gleichung der Tangente

$t: y =$ ____________

Rechnung

Steigung der Normale

$m_n =$ ____________

b) Funktionsgleichung: $f(x) = -\frac{1}{3}x^3 + \frac{1}{2}x^2 + 2x$; Stelle $x_0 = 1$

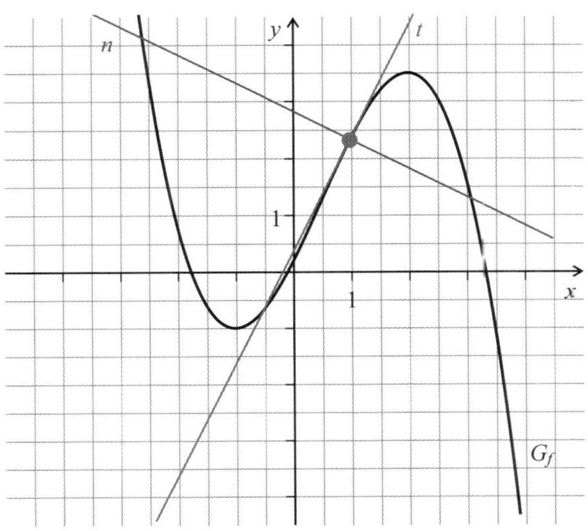

Gleichung der Tangente

$t: y =$ ____________

Rechnung

Steigung der Normale

$m_n =$ ____________

→ 1.3.1 Seiten 35 - 36

2. Die Abbildung zeigt den Graphen G_f einer ganzrationalen Funktion f, auf dem sieben Punkte A bis G markiert sind.
   - Deuten Sie in der Abbildung den Verlauf der Tangente in den einzelnen Punkten an.
   - Zu jedem Punkt gehört eine der angegebenen Gleichungen als Tangentengleichung. Ordnen Sie die richtige Tangentengleichung zu.

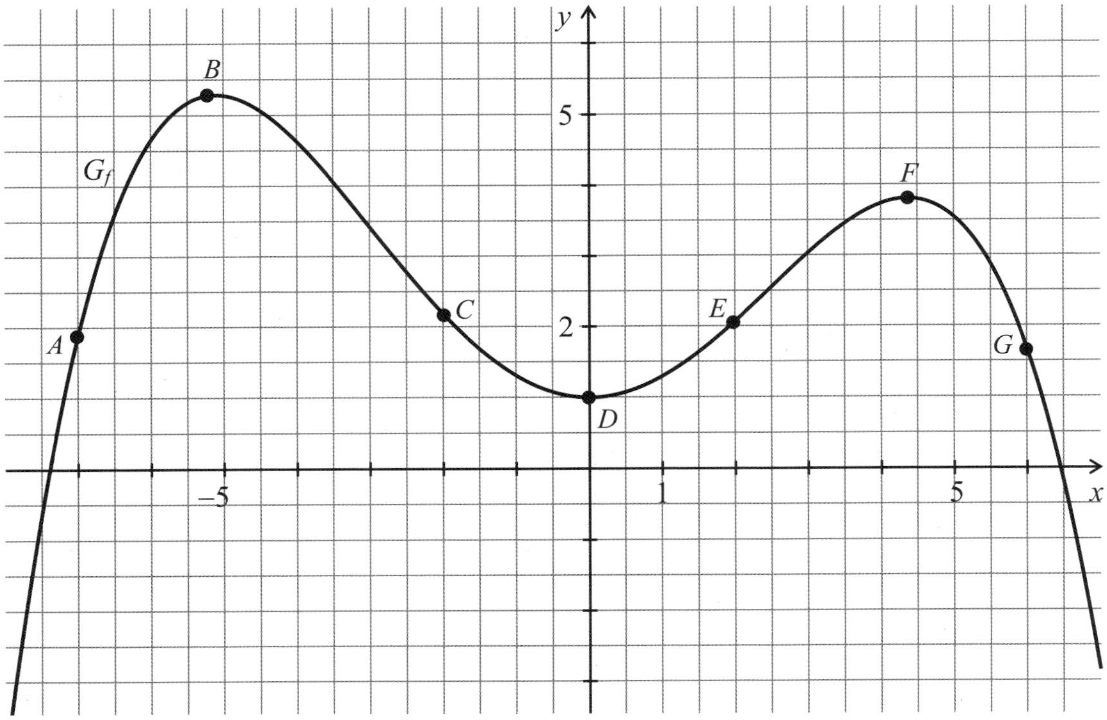

Gleichungen: ① $y = 0{,}94x + 0{,}19$ ② $y = 3{,}84$ ③ $y = -3x + 19{,}75$ ④ $y = -1{,}1x$

⑤ $y = 4{,}13x + 30{,}94$ ⑥ $y = 5{,}33$ ⑦ $y = 1$

Zuordnung: $A \rightarrow$ ___ $B \rightarrow$ ___ $C \rightarrow$ ___ $D \rightarrow$ ___ $E \rightarrow$ ___ $F \rightarrow$ ___ $G \rightarrow$ ___

3. Die Abbildung zeigt den Graphen G_f der Funktion f mit $f(x) = \frac{1}{6}x^3 + \frac{1}{4}x^2 - \frac{3}{2}x$.
   Es gibt zwei Punkte des Graphen, für die die Tangente an G_f die Steigung $-\frac{1}{2}$ besitzt.
   - Versuchen Sie die zugehörigen Stellen anhand der Abbildung zu finden.
   - Prüfen Sie Ihr Ergebnis rechnerisch. Geben Sie die Koordinaten der Berührpunkte an.

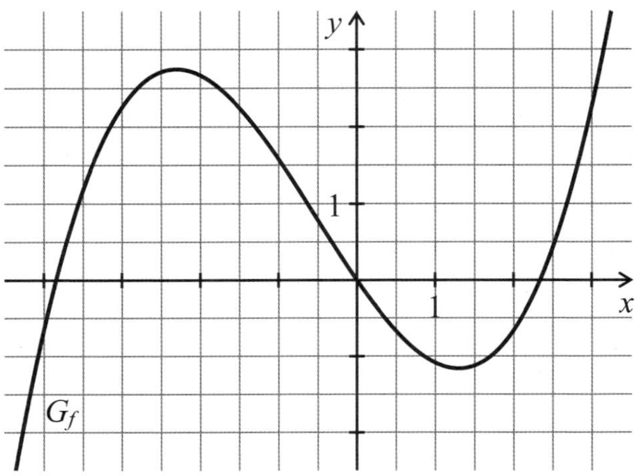

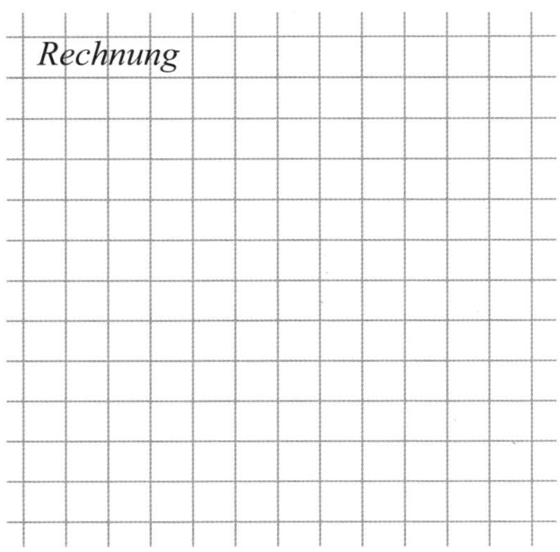

Vermutete Stellen: $x_1 =$ ____ ; $x_2 =$ ____

1.3.4 Untersuchung ganzrationaler Funktionen

4. Eine ganzrationale Funktion f dritten Grades hat folgende Eigenschaften:
   - f ist in $]-\infty\,;-4]$ streng monoton fallend.
   - f ist in $]-4\,;0]$ streng monoton wachsend.
   - f ist für $x \geq 0$ streng monoton fallend.
   - $H(0 \mid 3)$ ist Hochpunkt von G_f.
   - $N(3 \mid 0)$ ist der einzige gemeinsame Punkt von G_f mit der x-Achse.

   Zeichnen Sie einen möglichen Funktionsgraphen mit den angegebenen Eigenschaften.

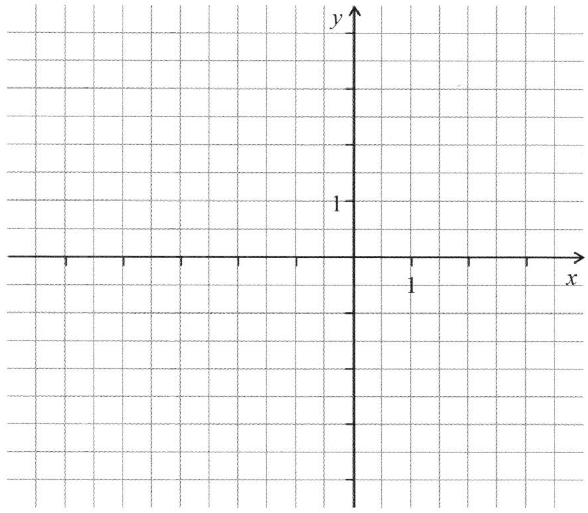

5. Betrachtet werden ganzrationale Funktionen dritten Grades. Welche der folgenden Aussagen sind wahr?
   - Kreuzen Sie die wahren Aussagen an. Begründen Sie jeweils Ihre Entscheidung.
   - Skizzieren Sie im Fall einer falschen Aussage einen geeigneten Graphen als Gegenbeispiel.

   Jede ganzrationale Funktion dritten Grades hat …

a) … mindestens eine Extremstelle. ☐

b) … genau eine Wendestelle. ☐

c) … mindestens eine Nullstelle. ☐

d) … höchstens zwei Nullstellen. ☐

e) … mehr Nullstellen als Extremstellen. ☐

f) … mehr Extremstellen als Wendestellen. ☐

→ 1.3.4 Seiten 45 - 49

6. Zeichnen Sie einen möglichen Graphen einer ganzrationalen Funktion, deren Graph symmetrisch zur y-Achse ist und im Punkt $T(-2 \mid -2)$ einen Tiefpunkt besitzt.
Welchen Grad muss die Funktion mindestens besitzen?

Minimaler Grad: _____

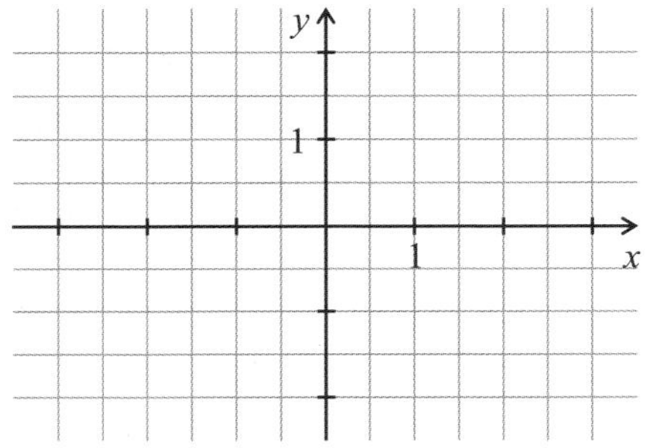

7. Zeichnen Sie einen möglichen Graphen einer ganzrationalen Funktion, deren Graph im Punkt $P(-2 \mid -1)$ eine waagerechte Tangente, jedoch keinen Extrempunkt besitzt.

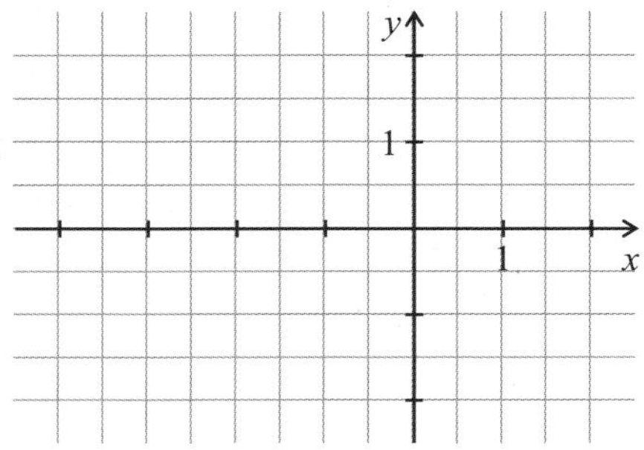

8. Die Abbildung zeigt den Graphen G_f einer ganzrationalen Funktion f.
Welche der folgenden Aussagen treffen auf die Funktion f zu?
Kreuzen Sie die wahren Aussagen an.
Begründen Sie jeweils Ihre Entscheidung.

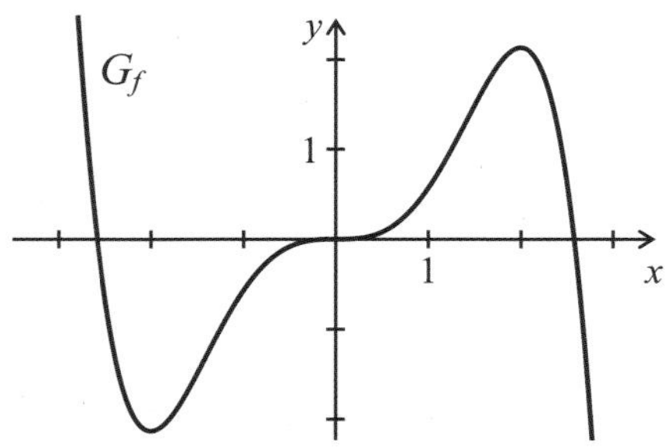

a) Die Funktion f ist im Intervall [2 ; 3] streng monoton wachsend. ☐

b) Der Graph von f besitzt zwei Wendepunkte. ☐

c) Die Funktion f ist eine ganzrationale Funktion vom Grad 4. ☐

d) Es gilt $f'(2) = 0$ und $f''(2) \neq 0$. ☐

e) Die Funktion f ändert ihr Monotonieverhalten im Intervall [–2 ; 2] ☐

f) Der Graph der Funktion f ist symmetrisch zur y-Achse. ☐

9. In der Abbildung ist der Graph $G_{f'}$ der Ableitungsfunktion f' einer ganzrationalen Funktion f dargestellt.

Welche der folgenden Aussagen treffen zu?

Kreuzen Sie die wahren Aussagen an.
Begründen Sie jeweils Ihre Entscheidung.

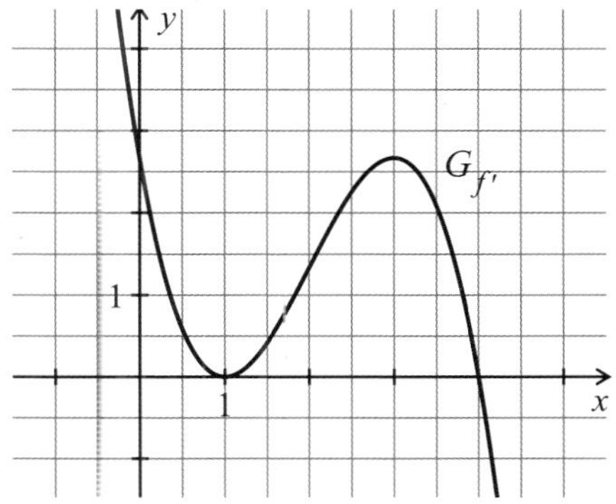

a) Der Graph von f besitzt an der Stelle $x = 4$ einen Tiefpunkt. ☐

b) Es gilt: $f(0) < f(0{,}5)$. ☐

c) Es gilt: $f'(3) \cdot f''(3) > 0$. ☐

d) Es gilt: $f''(1) = f''(3)$. ☐

e) f ist eine ganzrationale Funktion vom Grad 3. ☐

10. Die Abbildung zeigt den Graphen einer ganzrationalen Funktion f, auf dem Punkte A bis H eingezeichnet sind. Ordnen Sie – soweit möglich – den nachstehend angegebenen Eigenschaften alle Punkte zu, auf die diese Eigenschaften zutreffen.

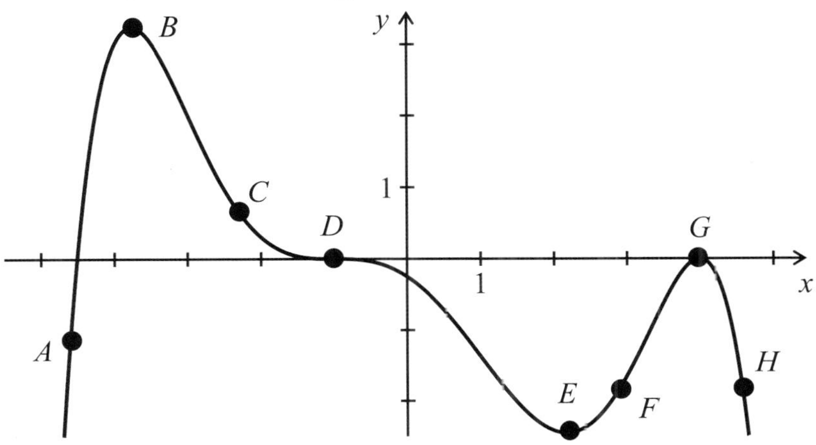

① $f'(x) = 0$ und $f''(x) > 0$ __________
② $f'(x) = 0$ und $f''(x) = 0$ __________

③ $f'(x) = 0$ und $f''(x) < 0$ __________

④ $f'(x) > 0$ und $f''(x) > 0$ __________
⑤ $f'(x) > 0$ und $f''(x) < 0$ __________

⑥ $f'(x) < 0$ und $f''(x) > 0$ __________
⑦ $f'(x) < 0$ und $f''(x) < 0$ __________

→ 1.3.4 Seiten 45 - 49

11. Ergänzen Sie in der Abbildung auf dem Graphen G_f der Funktion f Punkte mit den vorgegebenen Eigenschaften.

- Punkt A: Funktionswert positiv, Steigung negativ
- Punkt B: Steigung positiv, Linkskrümmung
- Punkt C: Steigung positiv, Rechtskrümmung
- Punkt D: maximaler Ansteigung
- Punkte E und F: gleiche Steigung

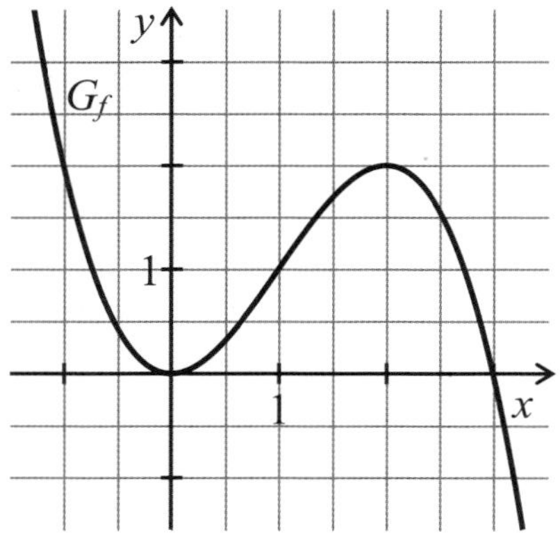

12. Die Abbildung zeigt den Ausschnitt der Graphen ganzrationaler Funktionen über einem Intervall $[a\,;\,b]$.
Ordnen Sie den einzelnen Funktionen die Graphen zu, wenn für alle $x \in [a\,;\,b]$ die folgenden Aussagen gelten:

- $f_1''(x) > 0$ und $f_1'(x) > 0$,
- $f_2''(x) < 0$ und $f_2'(x) > 0$,
- $f_3''(x) > 0$ und $f_3'(x) < 0$,
- $f_4''(x) = 0$ und $f_4'(x) < 0$.

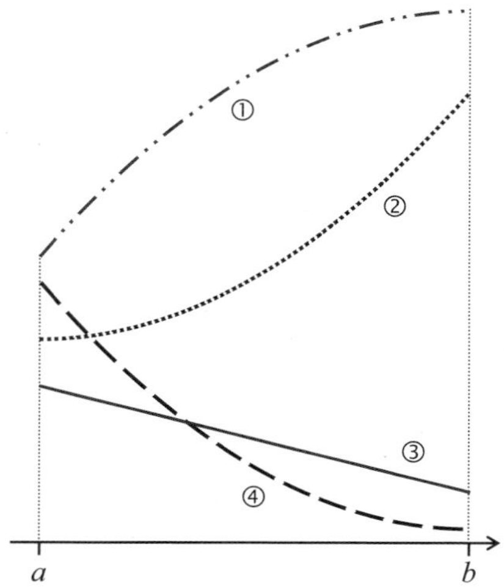

Zuordnung: $f_1 \rightarrow$ _____ $f_2 \rightarrow$ _____ $f_3 \rightarrow$ _____ $f_4 \rightarrow$ _____

13. Entscheiden Sie, ob die Aussagen für ganzrationale Funktionen zutreffen. Kreuzen Sie die wahren Aussagen an. Geben Sie eine Begründung an. Verbessern Sie die falschen Aussagen.

a) Der Graph einer Funktion 3.Grades besitzt genau einen Wendpunkt. ☐

b) Der Graph einer Funktion 4.Grades besitzt drei Extrempunkte. ☐

c) Der Graph einer quadratischen Funktion besitzt einen Extrempunkt. ☐

d) Zwischen zwei Extrempunkten liegt immer ein Wendepunkt. ☐

e) Zwischen zwei Wendepunkten liegt immer ein Extrempunkt. ☐

f) Eine Funktion 5. Grades kann zwei Sattelpunkte besitzen. ☐

→ 1.3.4 Seiten 45 - 49

1.4 Grundfunktionen und weitere Ableitungsregeln

1.4.1 Potenzfunktionen

1. Betrachtet werden Potenzfunktionen mit dem Parameter $a > 0$ gemäß der gegebenen Liste.
   - Ordnen Sie den Graphen die zugehörige Funktionsgleichung zu und geben Sie diese gegebenenfalls auch in Bruchschreibweise an.
   - Berechnen Sie die Ableitung, gegebenenfalls auch Bruchschreibweise.
   - Bestimmen Sie den Wert des Parameters a anhand der Abbildung.

a)

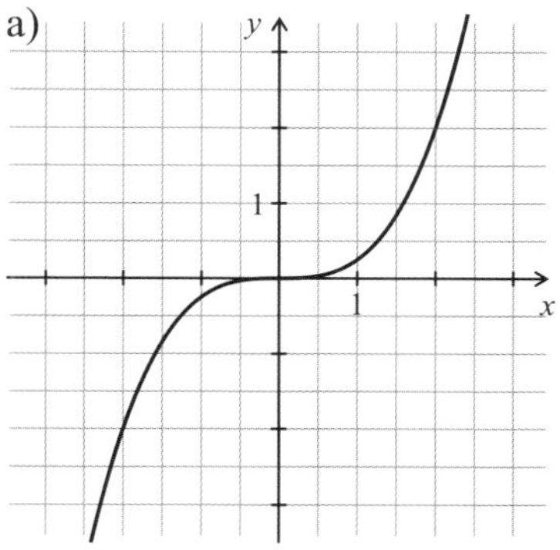

$f(x) =$ ______________

$f'(x) =$ ______________

$a =$ ______ , denn

b)

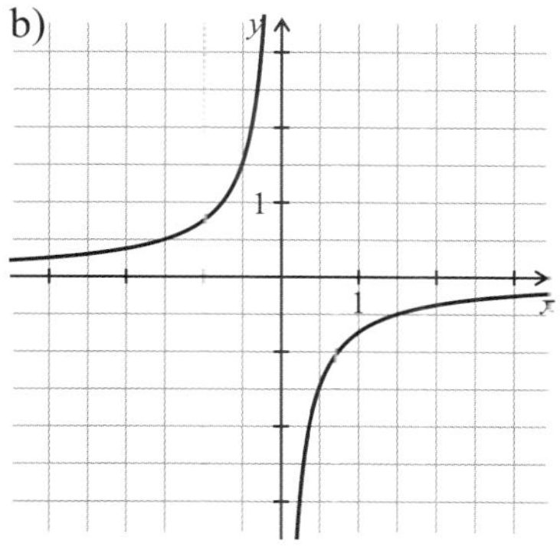

$f(x) =$ ______________

$f'(x) =$ ______________

$a =$ ______ , denn

c)

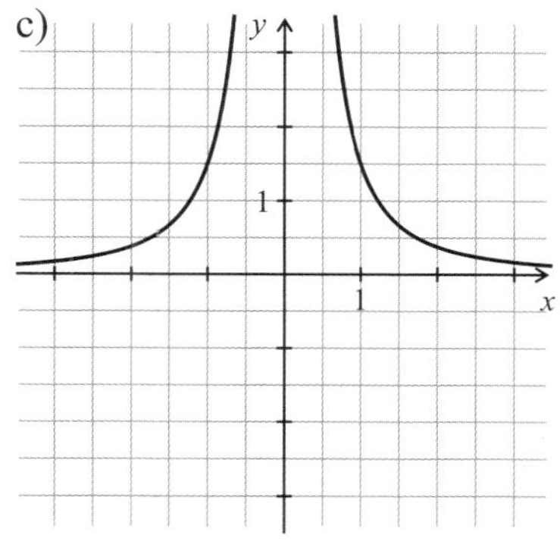

$f(x) =$ ______________

$f'(x) =$ ______________

$a =$ ______ , denn

d)

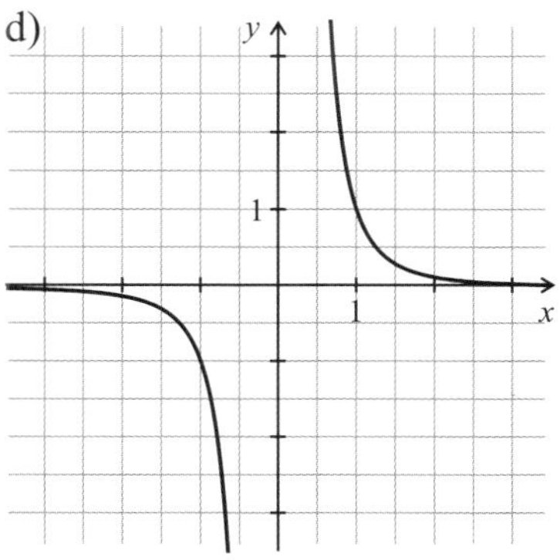

$f(x) =$ ______________

$f'(x) =$ ______________

$a =$ ______ , denn

e)

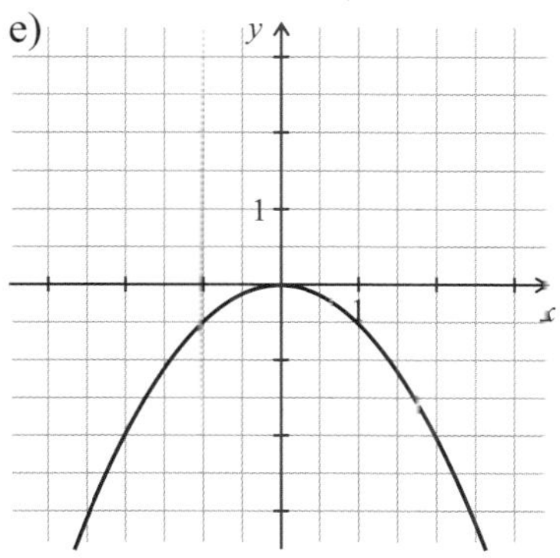

$f(x) =$ ______________

$f'(x) =$ ______________

$a =$ ______ , denn

f)

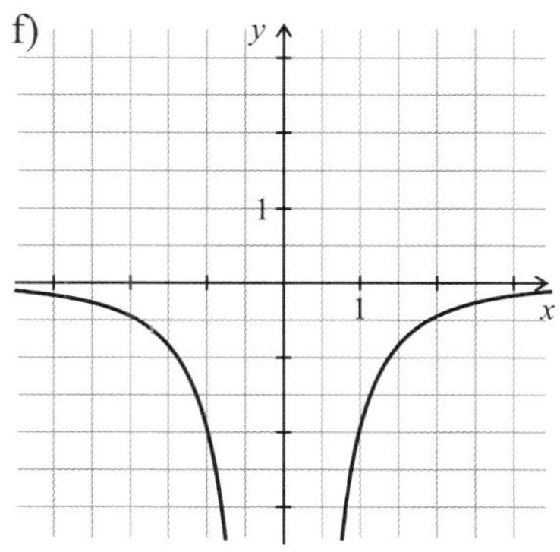

$f(x) =$ ______________

$f'(x) =$ ______________

$a =$ ______ , denn

Funktionen: $f(x) = ax^{-4}$; $f(x) = ax^{-3}$; $f(x) = -ax^{-2}$; $f(x) = -ax^{-1}$; $f(x) = -ax^{2}$; $f(x) = ax^{3}$

→ 1.4.1 Seiten 53 - 57

1.4.2 Die Wurzelfunktion

2. Betrachtet werden Wurzelfunktionen mit einem Parameter $a > 0$.
   - Ordnen Sie den Graphen die richtige Funktionsgleichung zu.
   - Bilden Sie die Ableitung.
   - Bestimmen Sie den Wert des Parameters a anhand der Abbildung.

a)

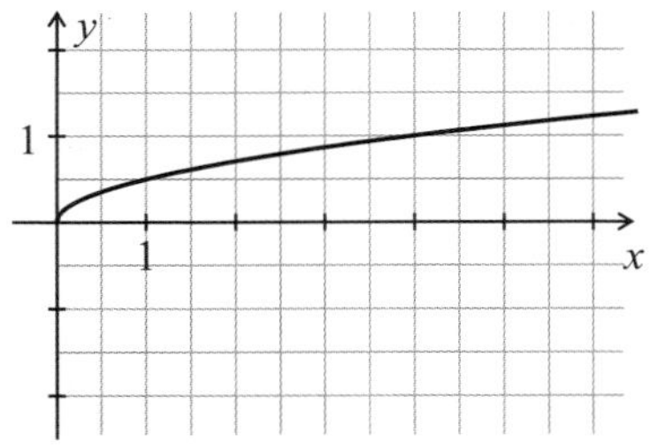

$f(x) =$ ____________ ; $f'(x) =$ ____________

$a =$ ____ , denn

b)

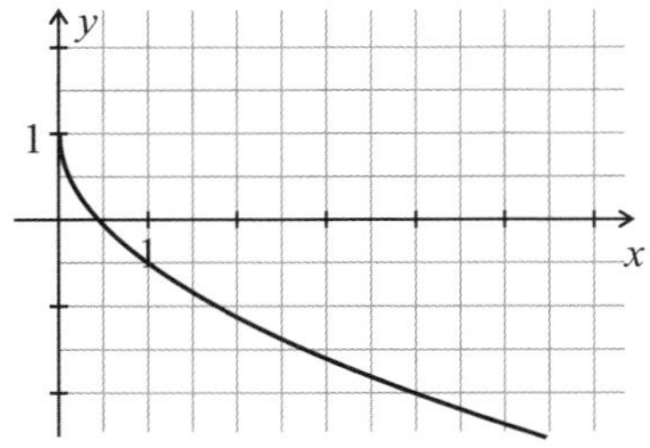

$f(x) =$ ____________ ; $f'(x) =$ ____________

$a =$ ____ , denn

c)

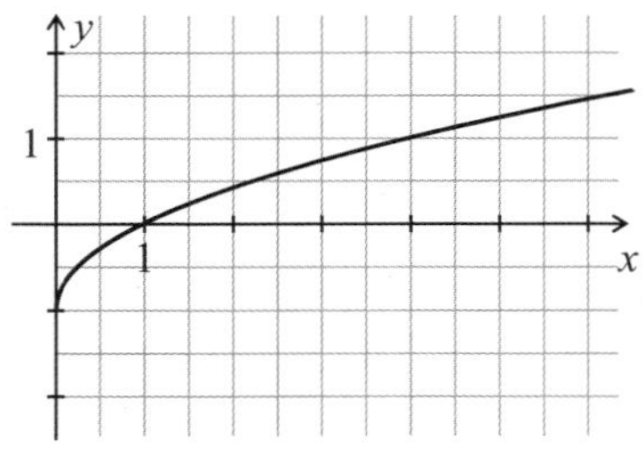

$f(x) =$ ____________ ; $f(x) =$ ____________

$a =$ ____ , denn

d)

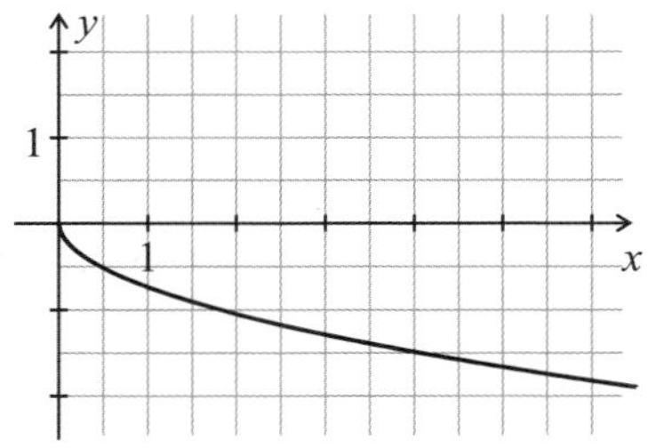

$f(x) =$ ____________ ; $f(x) =$ ____________

$a =$ ____ , denn

Funktionen: $f(x) = a \cdot \sqrt{x}$; $f(x) = -a \cdot \sqrt{x}$; $f(x) = a \cdot \sqrt{x} - 1$; $f(x) = -a \cdot \sqrt{x} + 1$

3. Die Abbildung zeigt den Graphen G_f der Funktion mit der Gleichung $f(x) = 2 \cdot \sqrt{x} - 3$.
   Ergänzen Sie in der Abbildung die Tangente an den Graphen im Punkt $P(4 \mid f(4))$ und lesen Sie eine Gleichung der Tangente ab. Bestätigen Sie Ihr Ergebnis durch eine Rechnung.

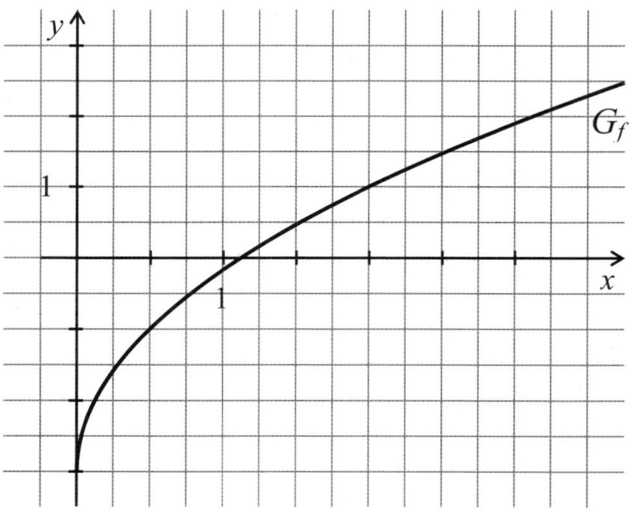

Rechnung

Abgelesene Tangentengleichung: $y =$ ____________

1.4.3 Die Sinus- und die Kosinusfunktion

4. Die Abbildung zeigt eine in x-Richtung verschobene Sinuskurve mit der Amplitude 1,5. Ergänzen Sie in den Kästchen die entsprechenden Achsenskalierungen.

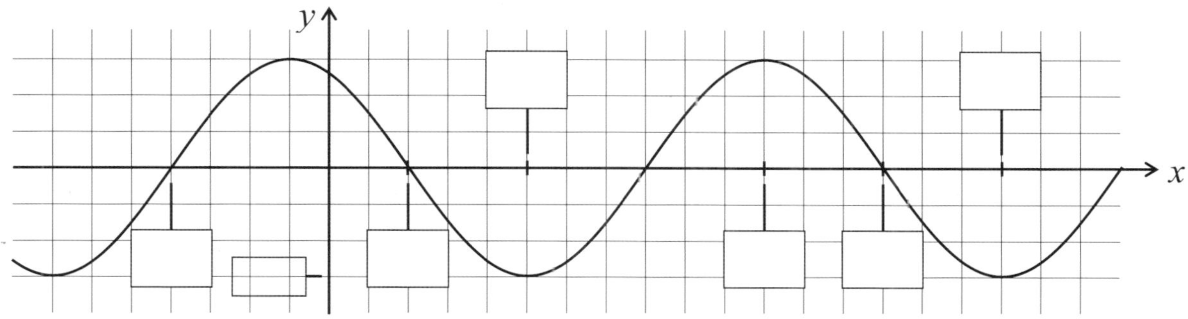

5. Ordnen Sie der Funktion f die korrekte Ableitung f' aus der angegebenen Liste zu.

a) $f(x) = 2\sin(x) + \cos(x)$ ☐ b) $f(x) = -\sin(x) + 2\cos(x)$ ☐

c) $f(x) = 2\sin(x) - \cos(x)$ ☐ d) $f(x) = -\sin(x) - 2\cos(x)$ ☐

Mögliche Ableitungen:

① $f'(x) = -\sin(x) + 2\cos(x)$

② $f'(x) = -2\sin(x) + \cos(x)$

③ $f'(x) = 2\sin(x) - \cos(x)$

④ $f'(x) = \sin(x) + 2\cos(x)$

⑤ $f'(x) = -2\sin(x) - \cos(x)$

⑥ $f'(x) = -2\sin(x) - 2\cos(x)$

6. Betrachtet wird die Sinuskurve.

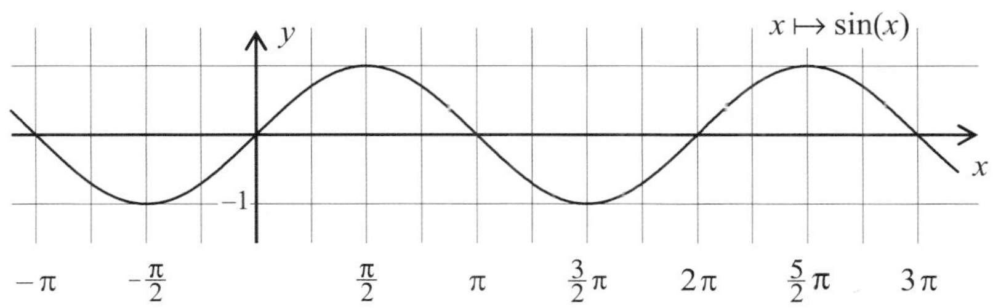

a) Begründen Sie, dass die Sinuskurve an der Stelle 0 einen Wendepunkt besitzt.

b) Geben Sie alle Wendestellen in allgemeiner Schreibweise an.

c) Zeichnen Sie in der Abbildung die Tangente an die Sinuskurve an der Stelle $x = \pi$. Welchen Winkel bildet die Tangente mit der x-Achse? Schätzen Sie bevor Sie rechnen.

→ 1.4.3 Seite 61 - 63

1.4.4 Die Produktregel

7. Bei den folgenden Ableitungen haben sich Fehler eingeschlichen.
   - Benennen Sie die Fehler.
   - Geben Sie die korrekte Ableitung an.

	Funktion	Ableitung	Korrektur
a)	$f(x) = 3x^2 \cdot \cos(x)$	$f'(x) = 6x \cdot (-\sin(x))$	$f'(x) =$
b)	$f(x) = x^2 + \sin(x)$	$f'(x) = 3x\sin(x) + x^2\cos(x)$	$f'(x) =$
c)	$f(x) = \pi^2 \cdot \sqrt{x}$	$f'(x) = 2\pi\sqrt{x} + \pi^2 \frac{1}{2\sqrt{x}}$	$f'(x) =$
d)	$f(x) = \cos(x) \cdot \frac{1}{x}$	$f'(x) = -\sin(x)\frac{1}{x} + \cos(x)\frac{1}{x^2}$	$f'(x) =$
e)	$f(x) = x \cdot \cos(x)$	$f'(x) = \frac{1}{2}x^2\cos(x) + x \cdot \sin(x)$	$f'(x) =$

8. Geben Sie einen Funktionsterm für $f(x)$ so an, dass $f'(x)$ die Ableitung zu $f(x)$ ist.

a) $f'(x) = 2x \cdot \sin(x) + x^2 \cdot \cos(x)$ $f(x) =$

b) $f'(x) = 6x^2 \cdot \cos(x) - 2x^3 \cdot \sin(x)$ $f(x) =$

c) $f'(x) = \sqrt{x} + x \cdot \frac{1}{2\sqrt{x}}$ $f(x) =$

d) $f'(x) = 4(x-3)^3 \cdot \sqrt{x} + (x-3)^4 \cdot \frac{1}{2\sqrt{x}}$ $f(x) =$

e) $f'(x) = x \cdot (x-1)^3 + \frac{3}{2}x^2 \cdot (x-1)^2$ $f(x) =$

f)* $f'(x) = -\frac{\cos(x)}{x^2} - \frac{\sin(x)}{x}$ $f(x) =$

9. Die Abbildung zeigt die Graphen zweier Funktionen f und g.
Für die Funktion h gelte:

$$h(x) = f(x) \cdot g(x).$$

Bestimmen Sie $h'(0)$.
Entnehmen Sie die benötigten Informationen aus der Abbildung.

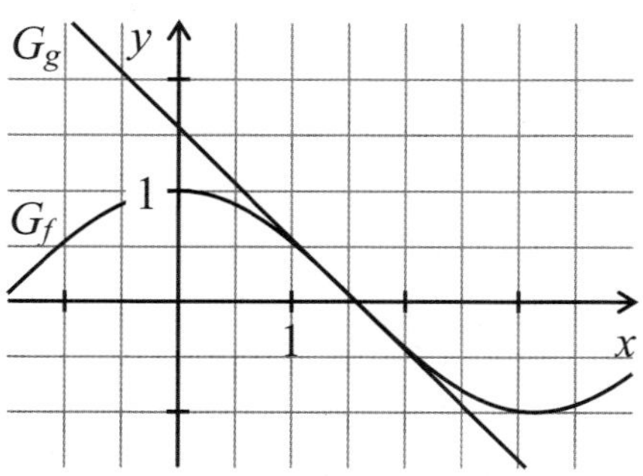

Informationen

$f(0) =$

$f'(0) =$

$g(0) =$

$g'(0) =$

$h'(0) =$

1.4.5 Die Kettenregel

10. Betrachtet werden Funktionen f mit $f(x) = x^2 + 1$ und g mit $g(x) = 2x - 1$.

a) Bilden Sie die Verkettungen $f \circ g$ und $g \circ f$.

$f \circ g$: ______________________________

$g \circ f$: ______________________________

b) Bestätigen Sie anhand eines selbst gewählten Beispiels, dass die Verkettung von Funktionen nicht kommutativ ist.

11. Gegeben sind Funktionen mit den Funktionsgleichungen

$f(x) = x^2$; $g(x) = \frac{1}{x}$; $h(x) = \sqrt{x}$; $k(x) = \sin(x)$; $l(x) = 2x - 1$.

Die folgenden Terme sind durch Verkettung dieser Funktionen entstanden. Notieren Sie diese Verkettungen.

a) $2 \cdot \sqrt{x} - 1 =$ ______________

b) $\sin(\sqrt{x}) =$ ______________

c) $\frac{1}{2x-1} =$ ______________

d) $(2x - 1)^2 =$ ______________

e) $\frac{1}{x^2} =$ ______________

f) $\frac{1}{\sin(x)} =$ ______________

g) $2 \cdot \sin(x) - 1 =$ ______________

h) $\sqrt{\frac{1}{x}} =$ ______________

i) $2 \cdot \frac{1}{x} - 1 =$ ______________

j) $(\sin(x))^2 =$ ______________

k) $\sqrt{\sin(2x-1)} =$ ______________

l) $\frac{1}{\sqrt{\sin(x)}} =$ ______________

12. Die Abbildung zeigt den Graphen G_f einer quadratischen Funktion f und auch den Graphen G_g einer linearen Funktion g.

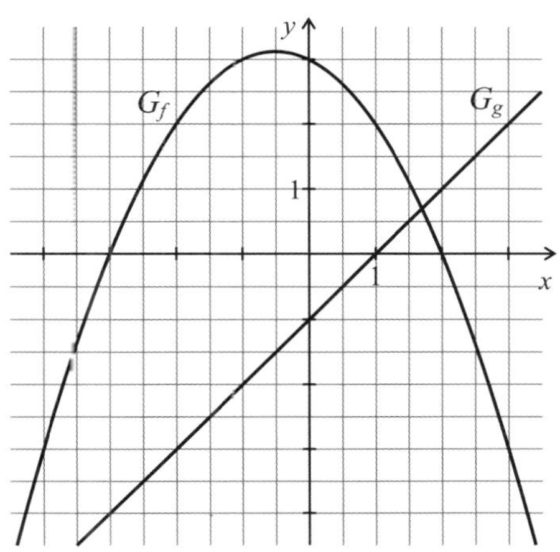

a) Bestimmen Sie unter Verwendung der Abbildung folgende Funktionswerte:

- $f(g(1)) =$ ______________
- $g(f(2)) =$ ______________

b) Bestimmen Sie zwei Werte x mit $f(g(x)) = 0$.

Wahl: $x =$ _____ , denn: ______________

$x =$ _____ , denn: ______________

1.5 Parallelverschiebung und Streckung des Graphen einer Grundfunktion

1.5.1 / 2 Parallelverschiebung und Streckung von Graphen

Grundfunktionen

1. Gegeben sind die Graphen von Wurzelfunktionen der Form $f: x \mapsto f(x) = a \cdot \sqrt{x-c} + d$.
   - Erläutern Sie, wie der Graph von f schrittweise aus dem Graphen der Wurzelfunktion entsteht. Geben Sie dazu die Werte der Parameter a, b und c an und erläutern Sie ihre Bedeutung bezüglich der Veränderung des Graphen der Wurzelfunktion.
   - Geben Sie die maximale Definitionsmenge D_f und die Wertemenge W_f an.

a) $f(x) = \sqrt{x+1} - 2$

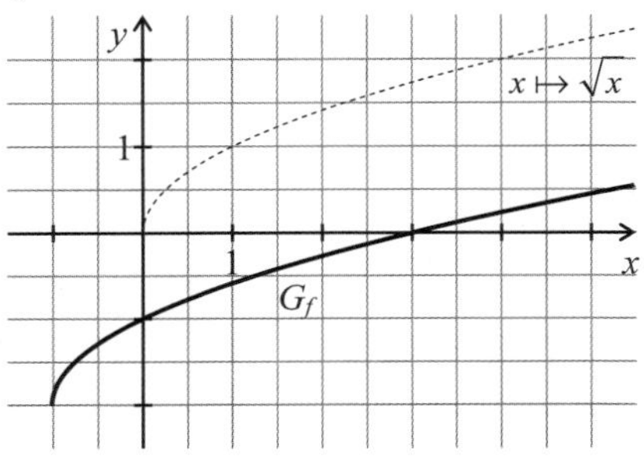

$a =$ ____ : ________________________

$c =$ ____ : ________________________

$d =$ ____ : ________________________

$D_f =$ __________ ; $W_f =$ __________

b) $f(x) = -\sqrt{x-1} + 1$

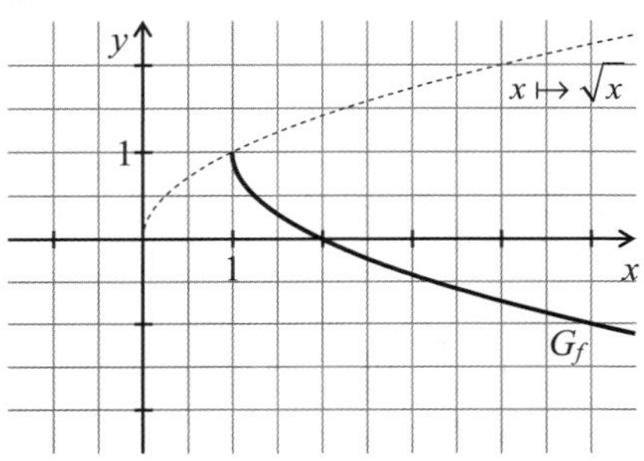

$a =$ ____ : ________________________

$c =$ ____ : ________________________

$d =$ ____ : ________________________

$D_f =$ __________ ; $W_f =$ __________

c) $f(x) = 2 \cdot \sqrt{x-1{,}5} - 2{,}5$

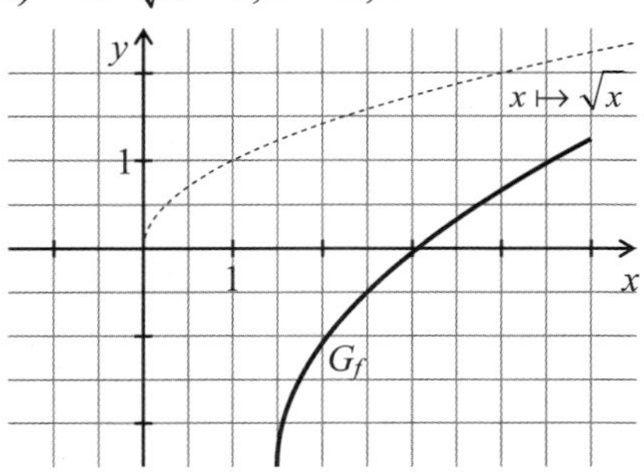

$a =$ ____ : ________________________

$c =$ ____ : ________________________

$d =$ ____ : ________________________

$D_f =$ __________ ; $W_f =$ __________

d) $f(x) = -0{,}5\sqrt{x+1} + 1$

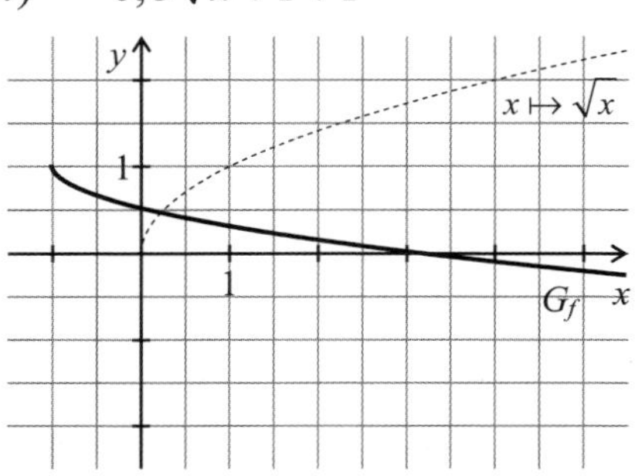

$a =$ ____ : ________________________

$c =$ ____ : ________________________

$d =$ ____ : ________________________

$D_f =$ __________ ; $W_f =$ __________

→ 1.5.1 Seite 75 - 77 ; 1.5.2 Seiten 77 - 82

2. Betrachtet werden Operationen mit den Hyperbel-Grundfunktionen.

$x \mapsto \frac{1}{x}$

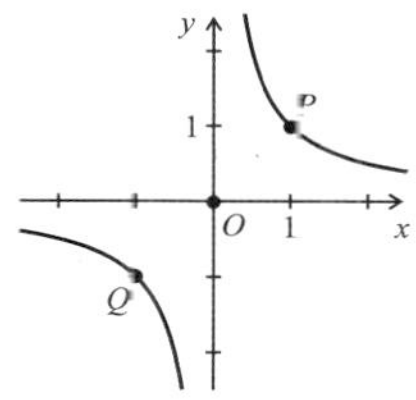

$x \mapsto \frac{1}{x^2}$

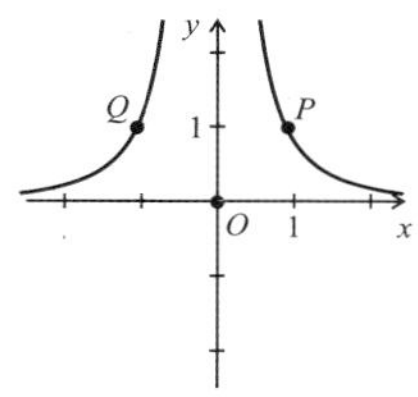

- Geben Sie für die Funktionen f die maximale Definitionsmenge $D_{\max}$ sowie den Schnittpunkt S_y mit der y-Achse an.
- Beschreiben Sie, wie der Graph G_f aus dem Graphen der entsprechenden Grundfunktion schrittweise entsteht.
- Skizzieren Sie den Graphen G_f in das vorgegebene Koordinatensystem.
  (Tipp: Hilfskoordinatensystem, charakteristische Punkte)
- Bilden Sie die Ableitung $f'(x)$.

a) Funktion: $f(x) = \frac{1}{x-2} - 1$ $D_{\max}$ = ________ S_y(___ | ___)

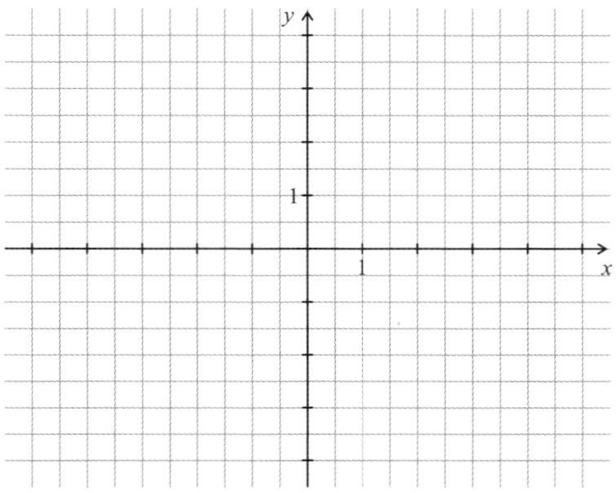

Operationen

① ______________________________

② ______________________________

Ableitung

$f'(x) =$ ______________________________

b) Funktion: $f(x) = -\frac{1}{(x+2)^2} + 1$ $D_{\max}$ = ________ S_y(___ | ___)

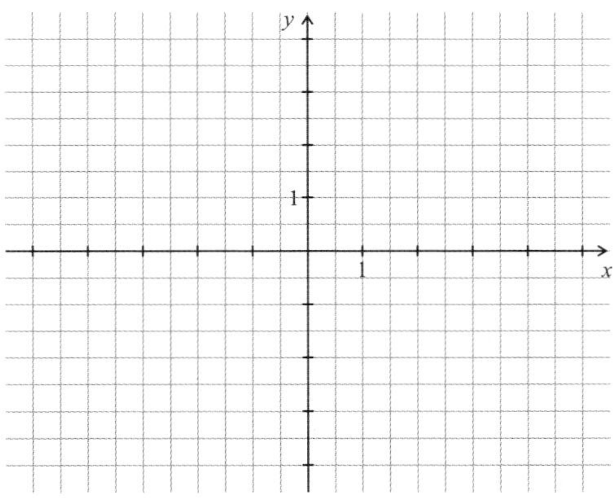

Operationen

① ______________________________

② ______________________________

③ ______________________________

Ableitung

$f'(x) =$ ______________________________

c) Funktion: $f(x) = -\frac{1}{x+1} + 2$ $D_{\max}$ = ________ S_y(___ | ___)

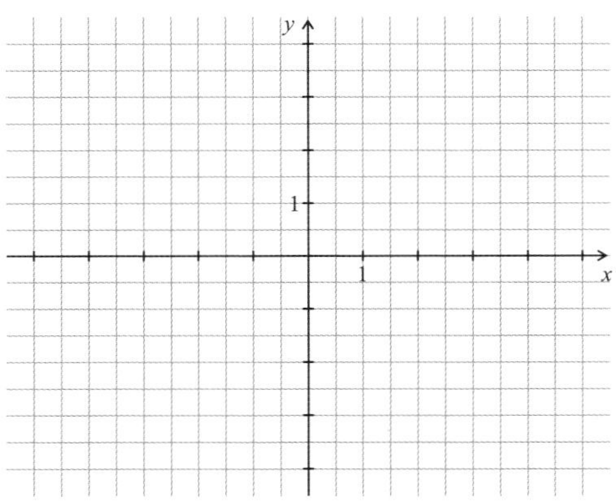

Operationen

① ______________________________

② ______________________________

③ ______________________________

Ableitung

$f'(x) =$ ______________________________

→ 1.5.1 Seite 75 - 77 ; 1.5.2 Seiten 78 - 82

d) Funktion: $f(x) = \frac{1}{(x-1)^2} - 1$

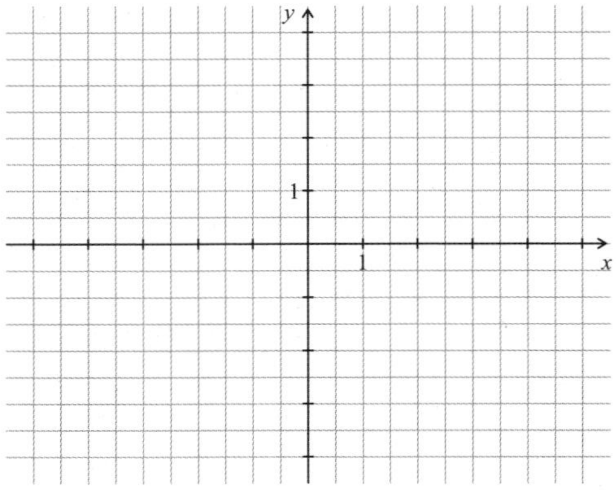

$D_{\max} =$ ________ $S_y($ ___ | ___ $)$

Operationen

① ____________________

② ____________________

Ableitung

$f'(x) =$ ____________________

3. Der Graph einer Funktion f entsteht aus der Kosinuskurve durch
   - Streckung um den Faktor 2,5 in y-Richtung und
   - Verschiebung um 1 Einheit in negative y-Richtung.

a) Geben Sie eine Gleichung für die Funktion f an. $f(x)$

b) Zeichnen Sie die Kosinuskurve und den Graphen G_f in das Koordinatensystem.

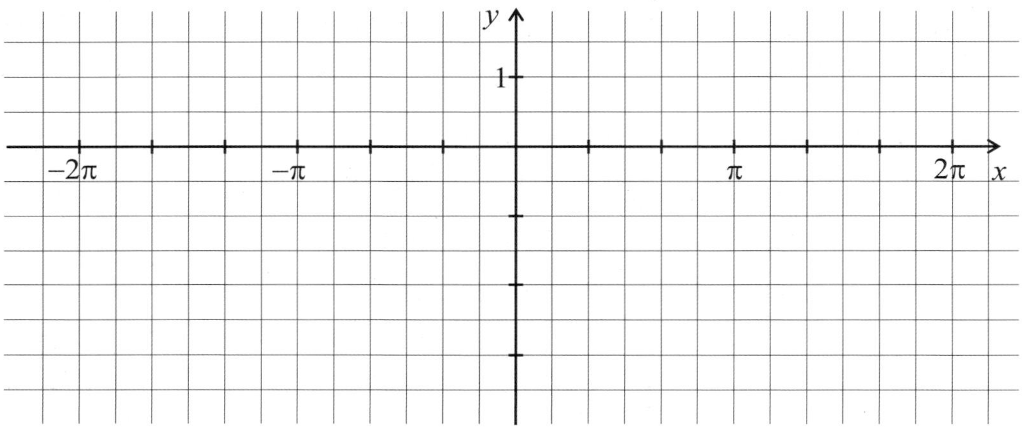

4. Die Abbildung zeigt den Graphen G_f einer verschobenen und gestreckten Normalparabel.
   - Kreuzen Sie die richtige Funktionsgleichung an.
   - Geben Sie die durchgeführten Transformationen in einer möglichen Reihenfolge an.
   - Begründen Sie mündlich, weshalb die anderen angegebenen Gleichungen nicht korrekt sind.

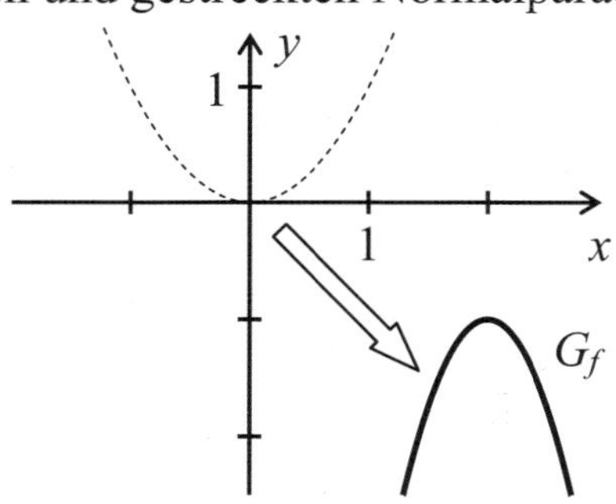

Gleichungen

- ☐ $y = (-3x-2)^2 - 1$
- ☐ $y = -3((x-2)-1)^2$
- ☐ $y = -3(x-2)^2 - 1$
- ☐ $y = (-3(x-2))^2 - 1$
- ☐ $y = (-3(x-2)-1)^2$

Transformationen

① ____________________

② ____________________

③ ____________________

④ ____________________

→ 1.5.1 Seite 75 - 77 ; 1.5.2 Seiten 77 - 82

Ganzrationale Funktionen

5. Die Abbildung zeigt den Graphen G_f einer ganzrationalen Funktion f mit

$$f(x) = \frac{1}{2}x \cdot (x-3)^2.$$

Der Graph von f wird verschoben.

Hierbei wird der Punkt $P\,(2 \mid 1)$ von G_f in den Punkt $P'(-2 \mid 3)$ transformiert.

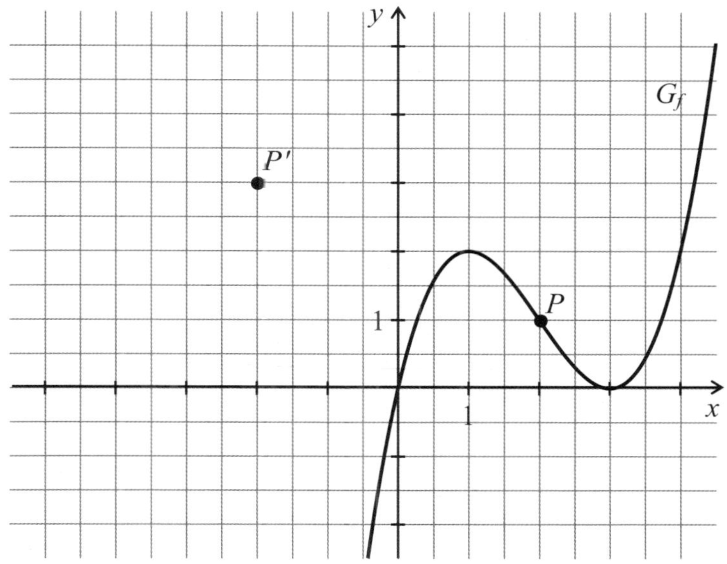

a) Geben Sie den Hoch- und den Tiefpunkt des verschobenen Graphen an.

$H(\quad \mid \quad)$; $T(\quad \mid \quad)$

Ergänzen Sie in der Abbildung eine Skizze des verschobenen Graphen

b) Der verschobene Graph gehört zu einer ganzrationalen Funktion h. Weisen Sie durch eine Rechnung nach, dass eine Gleichung von h gegeben ist durch

$$h(x) = \frac{1}{2}x^3 + 3x^2 + \frac{9}{2}x + 4\ .$$

6. Die Abbildung zeigt den Graphen G_f einer ganzrationalen Funktion f. Entscheiden Sie begründet, ob die folgenden Aussagen wahr oder falsch sind.

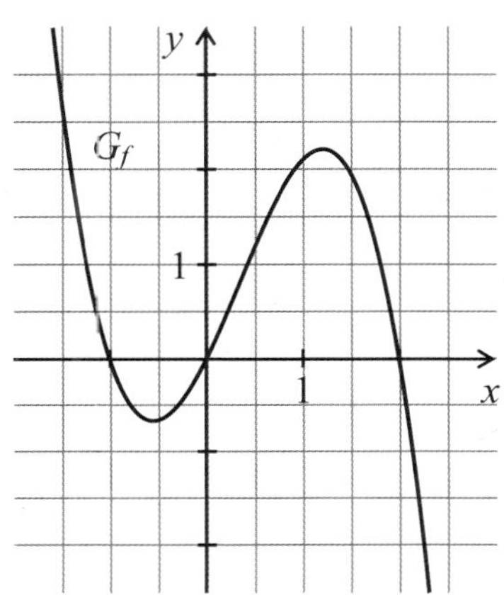

a) Der Graph der Funktion g mit $g(x) = f(x) - 2$ besitzt genau zwei Nullstellen.

☐ wahr

☐ falsch

b) Der Graph der Funktion h mit $h(x) = f(x-2)$ schneidet die x-Achse genau dreimal.

☐ wahr

☐ falsch

7. Die linke Abbildung zeigt den Graphen der Funktion f mit $f(x) = \frac{1}{2} \cdot (x + 3) \cdot x^2$.

- Beschreiben Sie, wie die Graphen G_g und G_h der Funktionen g und h in der Abbildung rechts schrittweise aus dem Graphen G_f von f entstehen.
- Geben Sie eine Funktionsgleichung für g und h an.

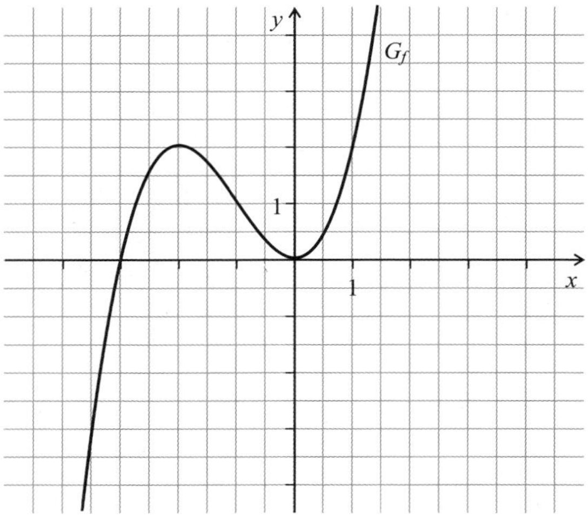

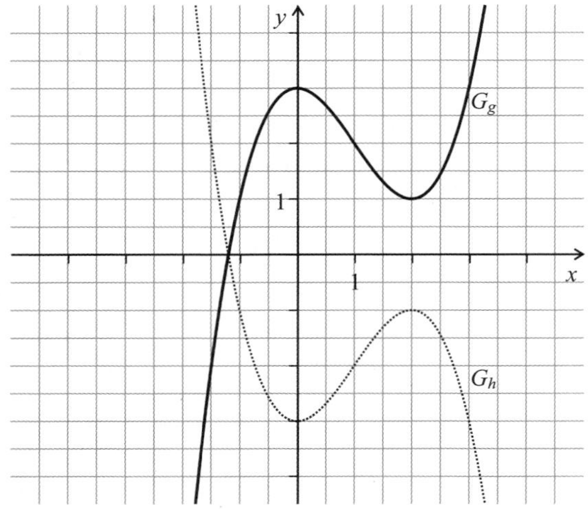

■ *Entstehung von G_g aus G_f*

– Transformationen: ______________________________

____

– Gleichung von g: $g(x) =$ ______________________________

____

■ *Entstehung von G_h aus G_g*

– Transformation: ______________________________

– Gleichung von h: $h(x) =$ ______________________________

____

8. Die Abbildung zeigt den Graphen einer ganzrationalen Funktion f. Gekennzeichnet sind besondere Punkte des Graphen.

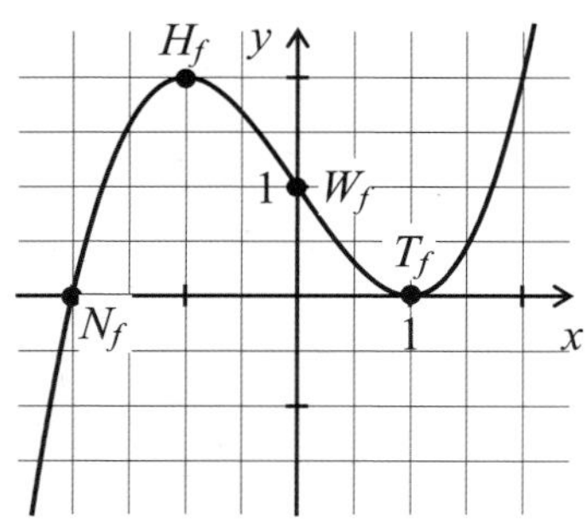

Der Graph G_f wird wie folgt in den Graphen G_g transformiert:

- Streckung um den Faktor 3 in y-Richtung.
- Verschiebung um 2 Einheiten in negative y-Richtung.
- Verschiebung um 1 Einheit in positive x-Richtung.

Geben Sie ohne zu zeichnen die Koordinaten der entsprechenden Punkte des verschobenen Graphen Gg an.

N_g (_____ | _____) H_g (_____ | _____)

W_g (_____ | _____) T_g (_____ | _____)

→ 1.5.1 Seite 75 - 77 ; 1.5.2 Seiten 77 - 82

9. Die Abbildung rechts zeigt den Graphen G_f der Funktion f mit der Gleichung $f(x) = x^3 + 1$.

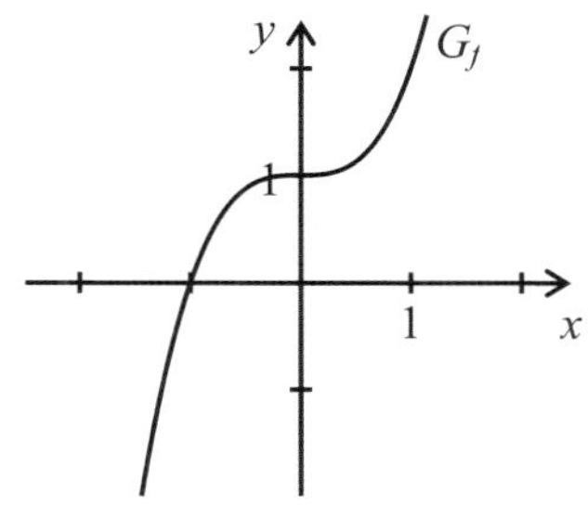

Der Graph wird wie folgt gespiegelt:

① Spiegelung an der y-Achse,

② Spiegelung an der x-Achse,

③ Spiegelung an der y-Achse und an der x-Achse.

- Ordnen Sie jedem der folgenden Graphen die zugehörige Spiegelung zu.
- Geben Sie eine Funktionsgleichung an. Vereinfachen sie diese so weit wie möglich.

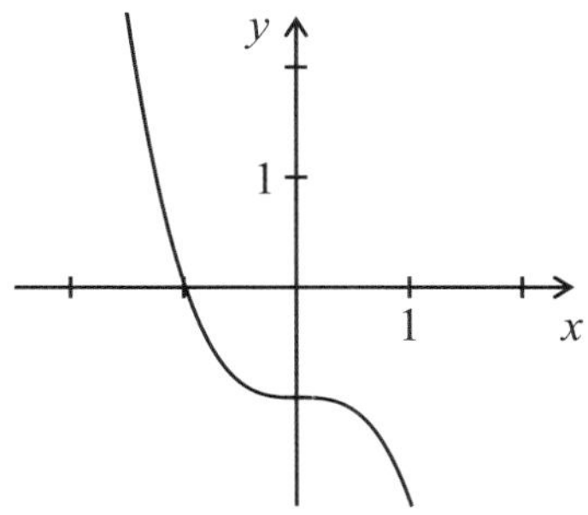

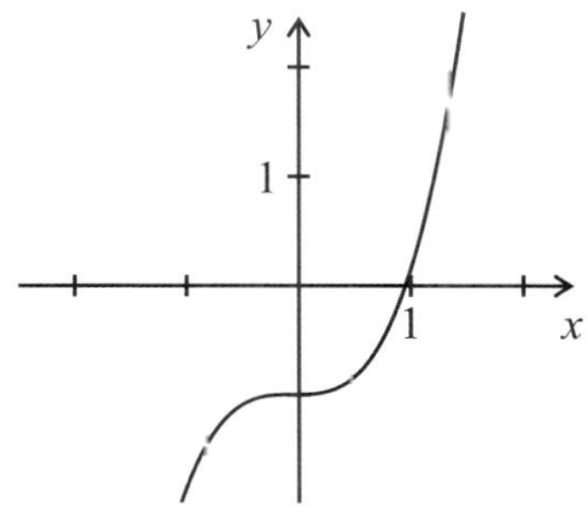

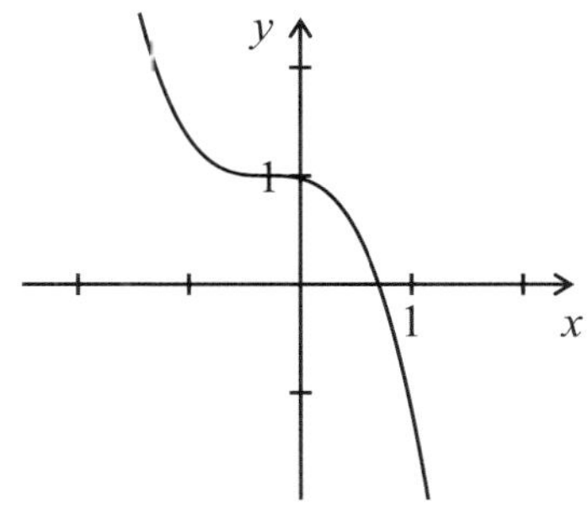

Spiegelung: ______ Spiegelung: ______ Spiegelung: ______

Gleichung: Gleichung: Gleichung:

10. Ordnen Sie den nachfolgend formal beschriebenen Transformationen des Graphen einer Funktion f die zugehörige korrekte verbale Beschreibung aus der anschließend angegebenen Liste zu.

Transformationen

① $x \mapsto a \cdot f(x)$ mit $0 < a < 1$ ______

② $x \mapsto f(x) + d$ mit $d < 0$ ______

③ $x \mapsto f(-x)$ ______

④ $x \mapsto f(x - c)$ mit $c < 0$ ______

⑤ $x \mapsto f(b \cdot x)$ mit $b > 1$ ______

⑥ $x \mapsto -f(x)$ ______

⑦ $x \mapsto -f(-x)$ ______

Verbale Beschreibungen

A Spiegelung an der y-Achse

B Verschiebung in positive y-Richtung

C Dehnung in y-Richtung

D Verschiebung in negative x-Richtung

E Spiegelung an der x-Achse

F Verschiebung in negative y-Richtung

G Stauchung in y-Richtung

H Stauchung in x-Richtung

I Verschiebung in positive x-Richtung

J Dehnung in x-Richtung

K Spiegelung an der x-Achse und der y-Achse

📖 → 1.5.1 Seite 75 - 77 ; 1.5.2 Seiten 78 - 82

1.5.3 Die allgemeine Sinusfunktion

9. Die Abbildung zeigt den Graphen einer allgemeinen Sinusfunktion der Form
   $f(x) = a \cdot \sin(b \cdot x)$.
   Bestimmen Sie aus der Abbildung die Werte der Parameter a und b.

   $a =$ ______ ; $b =$ ______

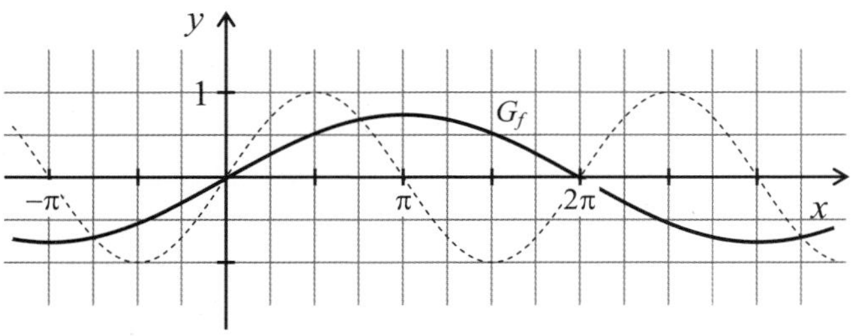

10. Von einer allgemeinen Sinusfunktion der Form $f(x) = a \cdot \sin(b \cdot x)$ sind die folgenden Eigenschaften bekannt:
    - Die Periode von f ist π.
    - Die Differenz zwischen dem größten und kleinsten Funktionswert von f beträgt 3.

    Geben Sie die Werte der Parameter a und b an.
    Ergänzen Sie den Graphen von f in der nachstehenden Abbildung.

    $a =$ ______

    $b =$ ______

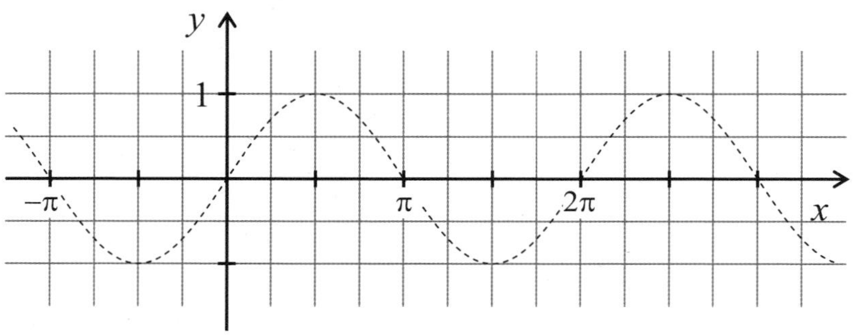

11. Die Abbildung zeigt den Graphen einer Sinusfunktion der Form $f(x) = a \cdot \sin(b \cdot x)$.
    Wie müssen die Parameter a und b verändert werden, damit der Graph von g entsteht?

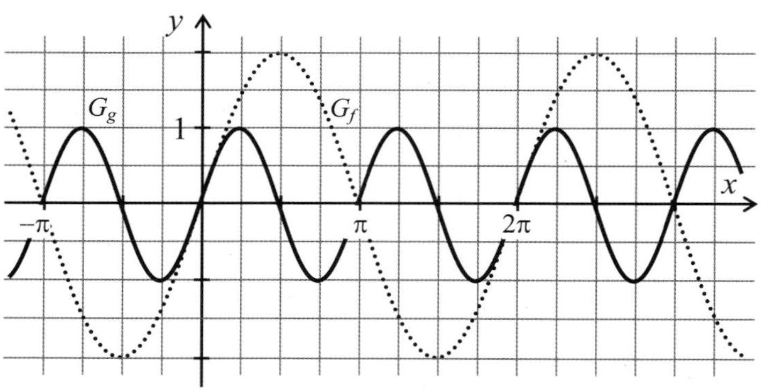

Veränderung von a

____

Veränderung von b

____

12. Die Abbildung zeigt den Graphen einer Sinusfunktion f der Form $f(x) = a \cdot \sin(b \cdot x)$.
    Ergänzen Sie in der Abbildung den Graphen der Funktion g mit $g(x) = -(2a) \cdot \sin((2b) \cdot x)$.

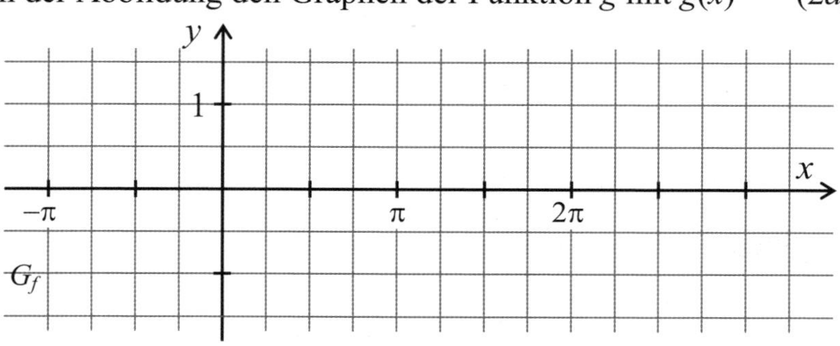

→ 1.5.3 Seiten 83 - 89

13. Gegeben sind vier Graphen allgemeiner Sinusfunktionen. Ordnen Sie jedem Graphen die richtige aus den angegebenen Funktionsgleichungen (f_1 bis f_9) zu.

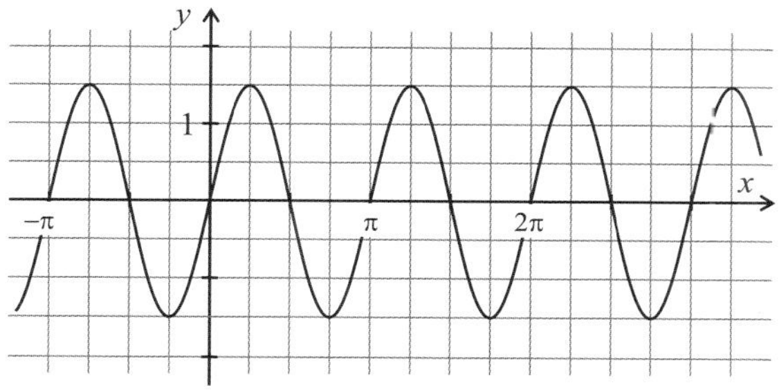

Funktionsgleichung: ____________

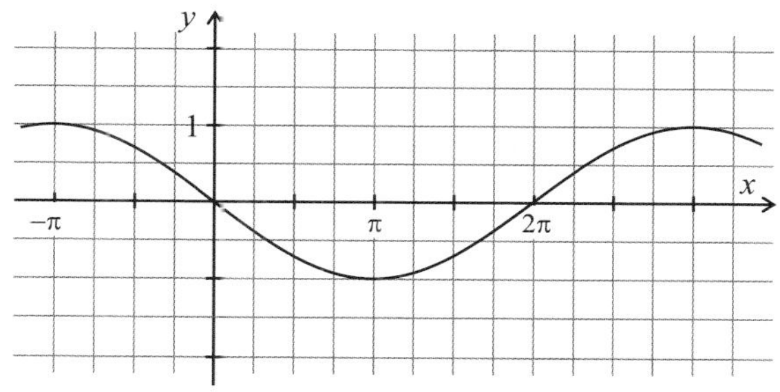

Funktionsgleichung: ____________

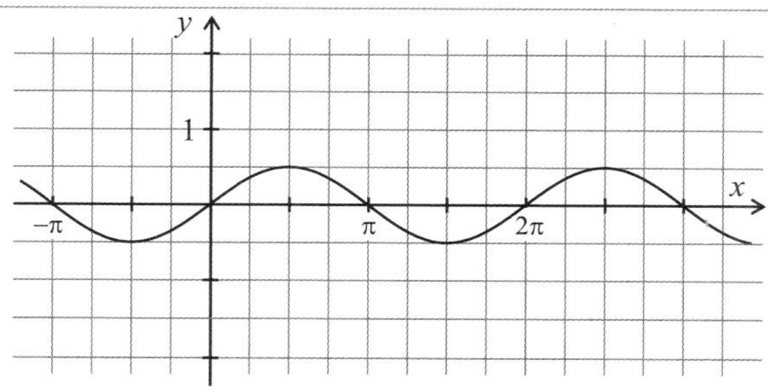

Funktionsgleichung: ____________

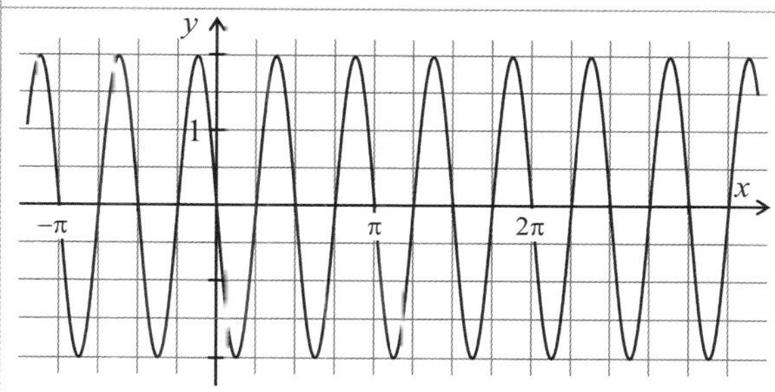

Funktionsgleichung: ____________

Gleichungen zur Auswahl:

$f_1(x) = 1{,}5\ \sin(x)$	$f_2(x) = -2\ \sin(4x)$	$f_3(x) = 1{,}5\ \sin(2x)$
$f_4(x) = 0{,}5\ \sin(4x)$	$f_5(x) = 2\ \sin(0{,}5x)$	$f_6(x) = -\ \sin(0{,}5x)$
$f_7(x) = 0{,}5\ \sin(x)$	$f_8(x) = -1{,}5\ \sin(x)$	$f_9(x) = -0{,}5\ \sin(2x)$

14. Die Abbildung zeigt den Graphen der Sinusfunktion sowie auch einer allgemeinen Sinusfunktion f der Form $f(x) = a \cdot \sin(x - x_0)$.

- Wie müssen die Parameter a und x_0 gewählt werden, damit der Graph von f entsteht?
- Geben Sie die Gleichung von f auch noch in einer zweiten Form an.
- Formulieren Sie eine allgemeine Regel.

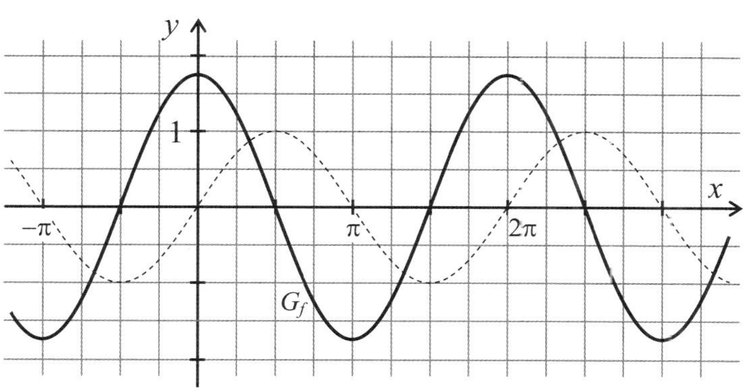

Wahl von a ____________

Wahl von x_0 ____________

Funktionsgleichung: ____________

Zweite Form: ____________

Allgemeine Regel: ____________

____

15. Die Abbildung zeigt den Graphen der Sinusfunktion.

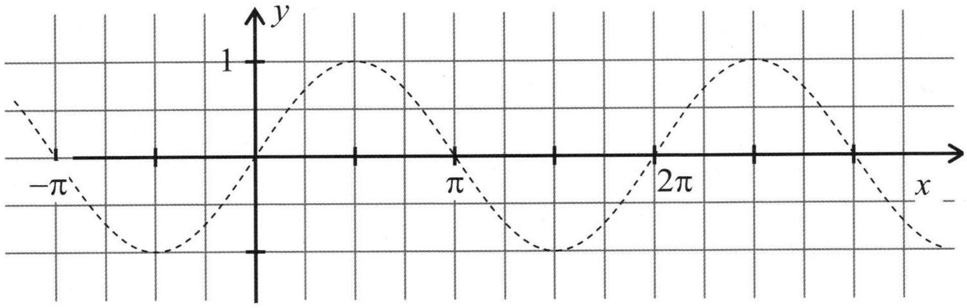

a) Wie entsteht der Graph von $f(x) = \sin(x + \frac{\pi}{2})$ aus dem Graphen der Sinusfunktion?

b) Ergänzen Sie den Graphen von f in der Abbildung.

c) Nennen Sie eine weitere Schreibweise für die Funktion f. $f(x) =$ __________

16. Die Kosinusfunktion kann auch als allgemeine Sinusfunktion beschrieben werden. Welche der folgenden Funktionen beschreiben die Kosinusfunktion $f(x) = \cos(x)$? Kreuzen Sie die zu zutreffenden Funktionen an.

☐ $f(x) = \sin(x - 2\pi)$ ☐ $f(x) = \sin(x + \frac{\pi}{2})$ ☐ $f(x) = \sin(x - 2\pi)$

☐ $f(x) = \sin(\pi - x)$ ☐ $f(x) = \sin(x - \frac{3}{2}\pi)$ ☐ $f(x) = -\sin(x - \frac{\pi}{2})$

17. Betrachtet werden die Funktionen $f(x) = a \cdot \sin(bx)$ und $g(x) = \cos(bx)$. Kreuzen Sie die zutreffenden der folgenden Gleichungen an.

☐ $f'(x) = g(x)$ ☐ $f'(x) = a \cdot b \cdot g(x)$

☐ $f(x) = a \cdot g'(x)$ ☐ $g'(x) = f(x)$

☐ $a \cdot b \cdot g'(x) = f(x)$ ☐ $a \cdot g'(x) = -b \cdot f(x)$

18. Die Abbildung zeigt den Graphen der Funktion $f(x) = -2 \cdot \cos(x) + 1$.

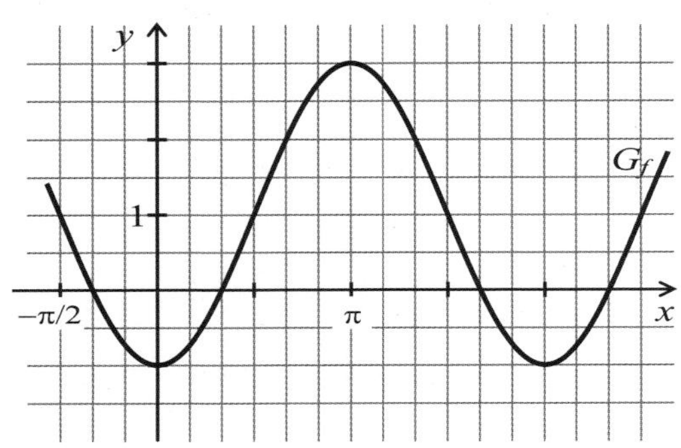

- Ergänzen Sie in der Abbildung die Tangente an G_f im Punkt $P(\frac{\pi}{6} \mid f(\frac{\pi}{6}))$.
- Bestimmen Sie anhand der Abbildung den y-Achsenabschnitt der Tangente:

____

- Bestimmen rechnerisch eine Gleichung der Tangente.

Rechnung:

→ 1.5.3 Seiten 83 - 89

19. Gegeben ist die Funktion $f(x) = -\frac{1}{2} \cdot \sin(2x) + 0,5$.

Geben Sie eine Gleichung für den veränderten Graphen an, wenn

a) der Graph G_f an der x-Achse gespiegelt wird. $g(x) =$

b) der Graph G_f an der y-Achse gespiegelt wird. $h(x) =$

c) der Graph G_f um 2 Einheiten in negative y-Richtung verschoben wird. $k(x) =$

d) die Periode auf den Wert $\frac{\pi}{2}$ verändert wird. $l(x) =$

20. Die Abbildung zeigt den Graphen einer allgemeinen Sinusfunktion
$f: [0\ ;\ k] \to \mathbb{R}\ ;\ x \mapsto 1,5 \cdot \sin(\pi \cdot x)$.

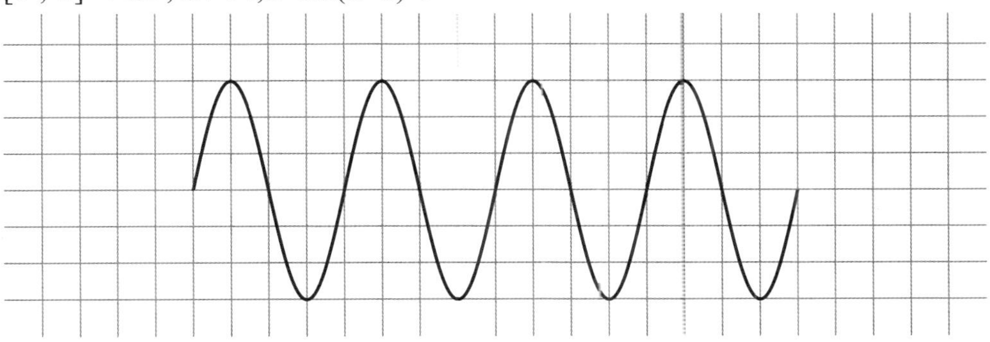

a) Bestimmen Sie:
- die Periode: $p =$
- die Definitionsmenge: $k =$

b) Ergänzen Sie in der Abbildung die Koordinatenachsen so, dass die gezeichnete Kurve den Graphen der Funktion f darstellt. Skalieren Sie die Achsen.

c) Wie entsteht der Graph von G_f aus der Sinuskurve. Geben Sie die Transformationen an.

21. Betrachtet wird die Funktion mit der Gleichung $f(x) = 2 \cdot \sin(0,5 \cdot x + \pi)$. Begründen oder widerlegen Sie die folgenden Aussagen über die zweite Ableitung von f.

a) Der Graph von f'' besitzt eine größere Amplitude als der Graph von f.

b) Der Graph von f'' ist gegenüber dem Graphen von f an der y-Achse gespiegelt.

c) Der Graph von f'' besitzt die gleiche Periode wie der Graph von f.

→ 1.5.3 Seiten 83 - 89

1.6 Umkehrfunktionen

1. Abbildung ① zeigt den Graphen einer Funktion f.
   - Lesen Sie aus der Abbildung die Definitions- und die Wertemenge der Funktion f ab.

     $D_f =$ $W_f =$
   - Notieren Sie auch für die nachstehenden Graphen die Definitions- und die Wertemenge an.
   - Welcher dieser Graphen stellt den Umkehrgraphen zu G_f dar?
   - Bestätigen Sie Ihre Entscheidung, indem Sie in Abbildung ① den Graphen $G_{f^{-1}}$ konstruieren.

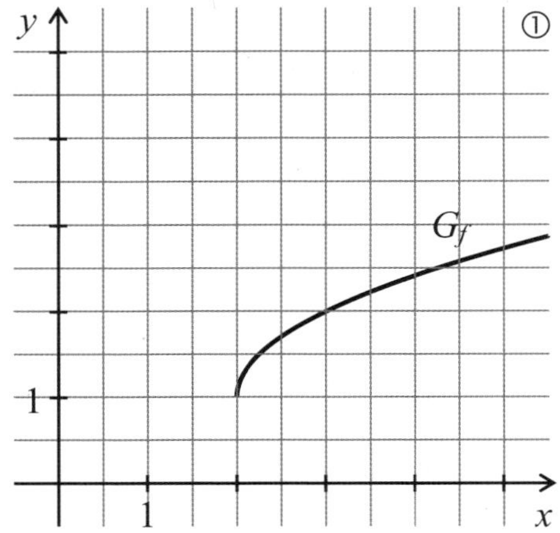

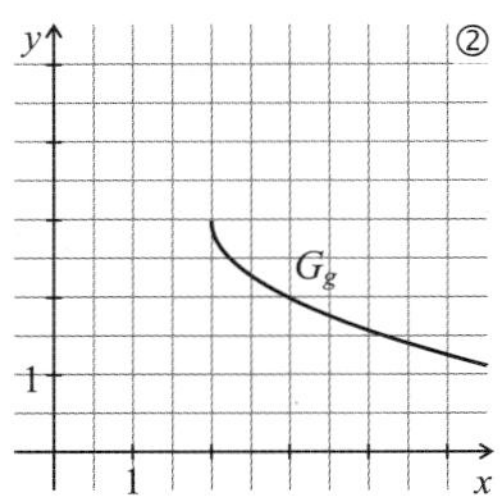

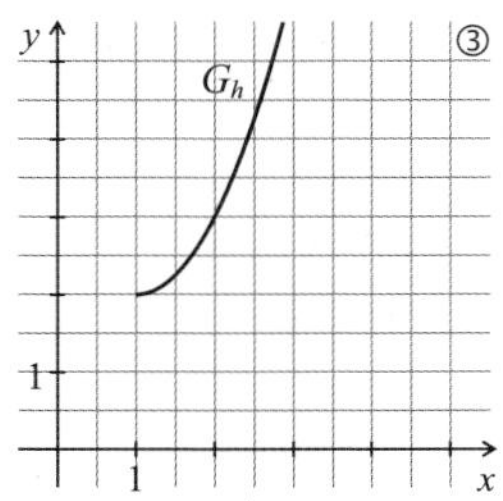

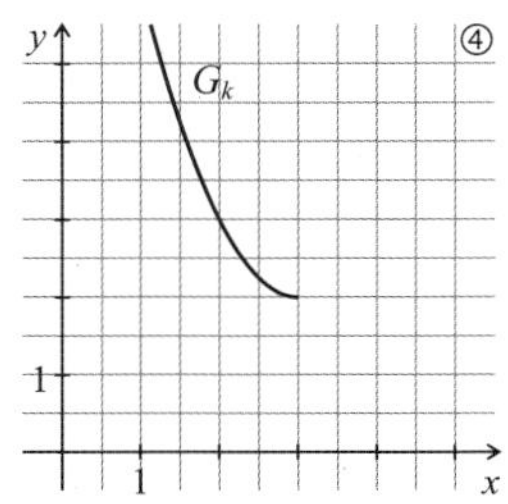

$D_g =$ $W_g =$ $D_h =$ $W_h =$ $D_k =$ $W_k =$

2. Die Abbildung zeigt den Graphen der in $\mathbb{R}$ definierten Funktion f mit $f(x) = \frac{1}{4}(x-2)^2 + 1$.
   a) Spiegeln Sie den Graphen G_f an der 1. Winkelhalbierenden.
   Wählen Sie zum Spiegeln geeignete Punkte von G_f aus.
   b) Begründen Sie, dass das Spiegelbild kein Funktionsgraph ist.

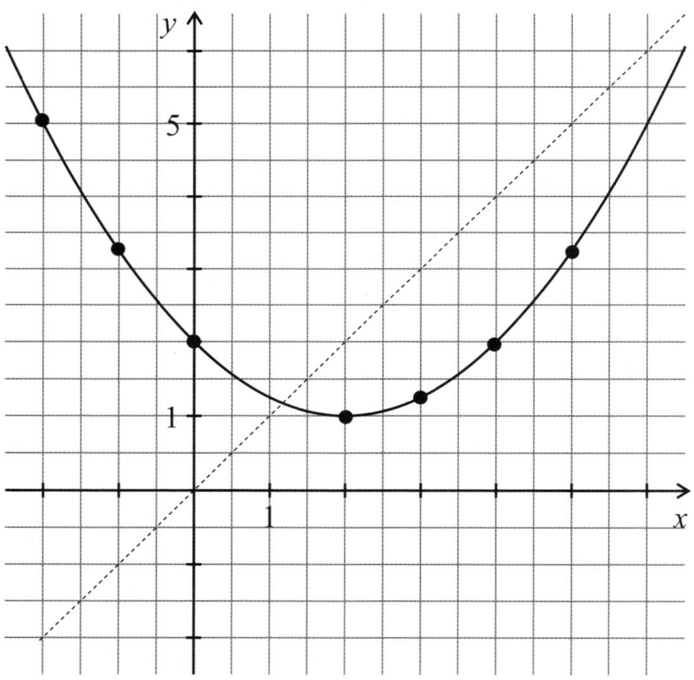

   c) Geben Sie ein mögliches Definitionsintervall an, in dem die Funktion f umkehrbar ist.
   Welche Eigenschaft garantiert dort die Umkehrbarkeit?
   d) Bestimmen Sie eine Funktionsgleichung einer Umkehrfunktion von f.

1.7 Funktionen mit Parametern

1. Gegeben ist die Schar der Funktionen f_k: IR → IR mit $f_k(x) = x^3 - 3kx^2$ und $k \in$ IR, $k > 0$.

   a) Geben Sie den Funktionsterm in faktorisierter Form an: $f_k(x) =$ ______________

   b) Entscheiden Sie begründet, welche der nachfolgend dargestellten Ausschnitte von Graphen zu Funktionen der Schar f_k gehören können.

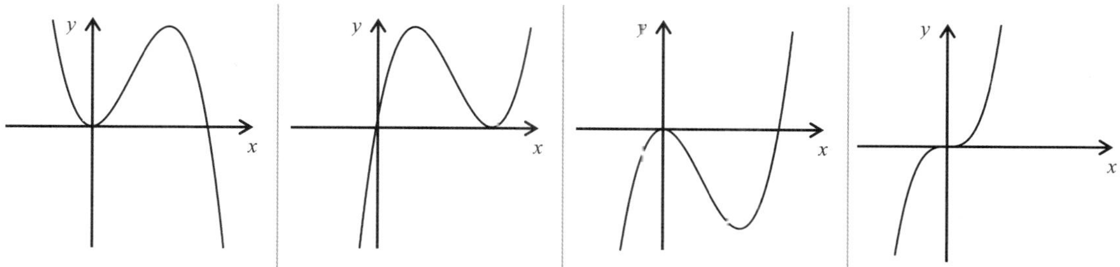

2. Gegeben ist die Schar der Funktionen f_k: IR → IR mit $f_k(x) = kx^3 - 3x^2$ und $k \in$ IR.

   a) Geben Sie den Funktionsterm in faktorisierter Form an: $f_k(x) =$ ______________

   b) In der Abbildung sind die Graphen von drei Funktionen der Schar dargestellt. Bestimmen Sie die zugehörigen Parameterwerte.

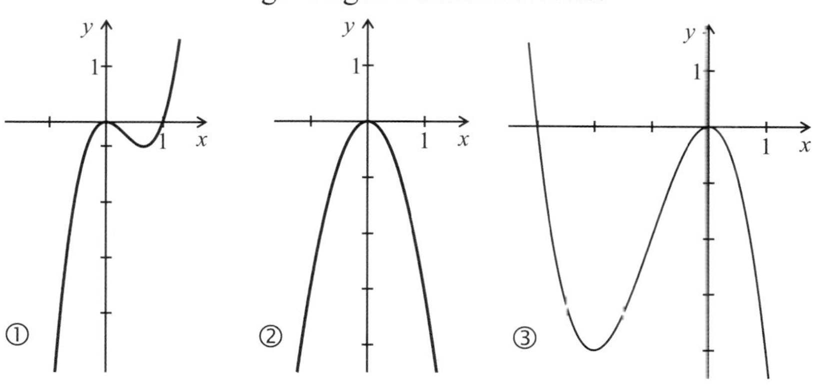

① : $k =$ ______

② : $k =$ ______

③ : $k =$ ______

   c) Bestimmen Sie durch eine Rechnung den Parameterwert k derart, dass die zugehörige Funktion an der Stelle $x = -2$ einen Tiefpunkt besitzt.

→ 1.7 Seiten 98 - 114

3. Gegeben ist die Schar der Funktionen f_k: IR → IR mit $f_k(x) = x^3 - \frac{1}{4}kx$ und $k \in$ IR.

a) Geben Sie den Funktionsterm in faktorisierter Form an: $f_k(x) =$ ______________

b) In der Abbildung sind die Graphen von drei Funktionen der Schar dargestellt. Bestimmen Sie die zugehörigen Parameterwerte.

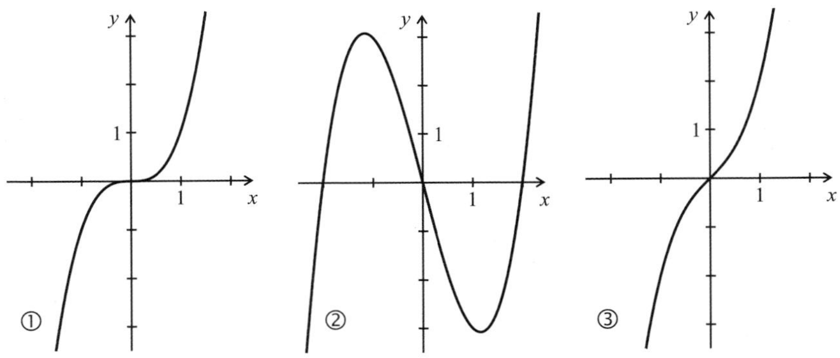

①: $k =$ _____

②: $k =$ _____

③: $k =$ _____

c) Bestimmen Sie den Parameterwert so, dass die Tangente an der Stelle $x = 0{,}5$ die Steigung 1 besitzt. Bestimmen Sie eine Gleichung dieser Tangenten.

4. Betrachtet werden die Parabel p dritten Grades mit der Gleichung $p(x) = x^3$ und die Geradenschar g_k mit $g_k(x) = k \cdot x$.
Welche der folgenden Aussagen über die Graphen von p und g_k treffen zu?
Kreuzen Sie die wahren Aussagen an und begründen Sie Ihre Entscheidung.

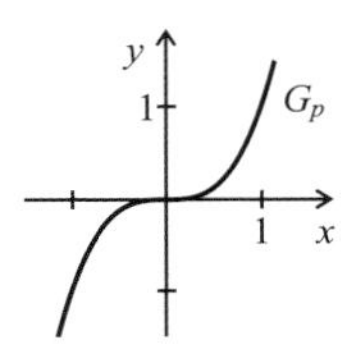

a) Für $k < 0$ gibt es nur einen Schnittpunkt. ☐

b) Für $k > 0$ gibt es zwei Schnittpunkte. ☐

c) Für $k = 0$ gibt es keine Schnittpunkte. ☐

d) Der Ursprung ist Schnittpunkt für alle $k \in$ IR. ☐

e) Für $k > 0$ gibt es zwei Schnittstellen, die symmetrisch zum Ursprung liegen. ☐

5. Gegeben ist die Funktionenschar f_k: $[-2\pi\,;\,2\pi] \rightarrow \mathrm{IR}$ mit $f_k(x) = k \cdot \sin(x) + k$ und $k \in \mathrm{IR}^*$.
Prüfen Sie, ob die Graphen in den Abbildungen zu einer Funktion der Schar gehören.
Begründen Sie Ihre Entscheidung. Geben Sie gegebenenfalls den Wert des Parameters k an.

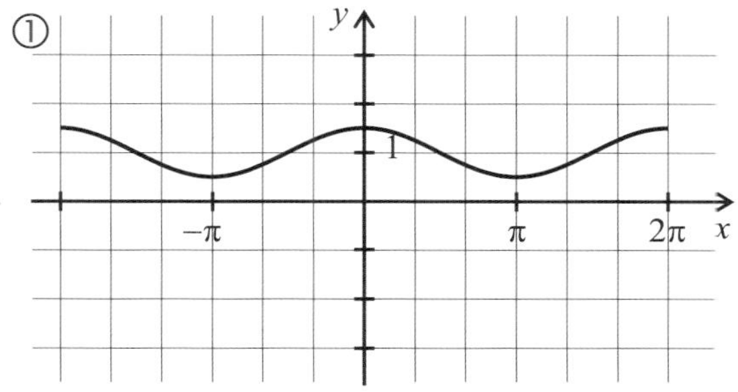

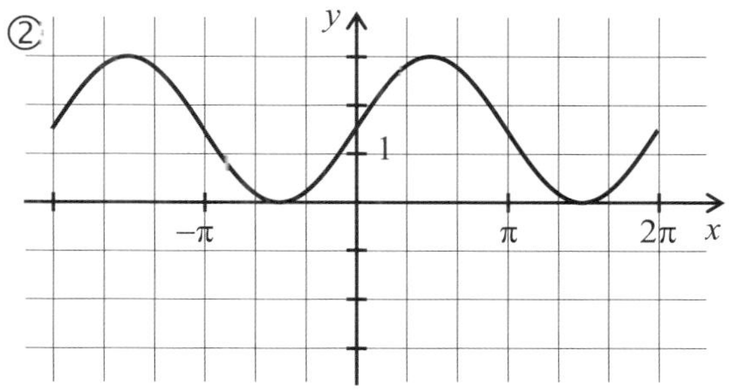

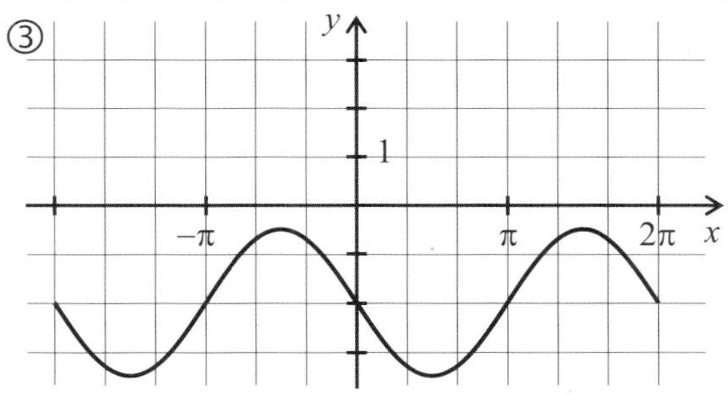

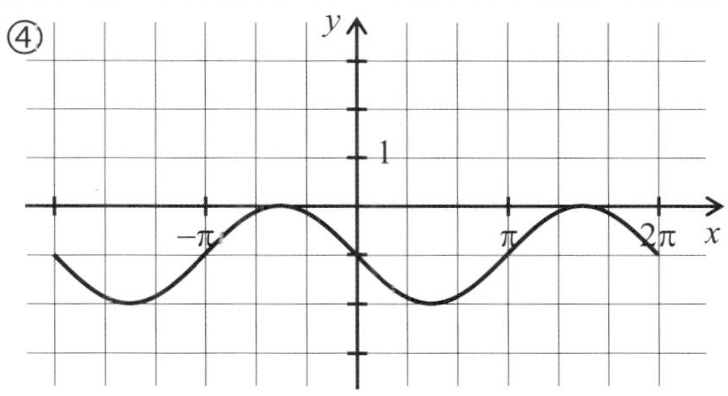

6. Gegeben ist die Funktionenschar f_k: $\mathrm{IR} \rightarrow \mathrm{IR}$ mit $f_k(x) = \sin(\frac{\pi}{k} \cdot x) + k$ und $k \in \mathrm{IR}^+$.

a) Bestimmen Sie die Periode in Abhängigkeit von k.

b) Entscheiden Sie begründet, ob folgende Graphen zu einer Funktion der Schar gehören.

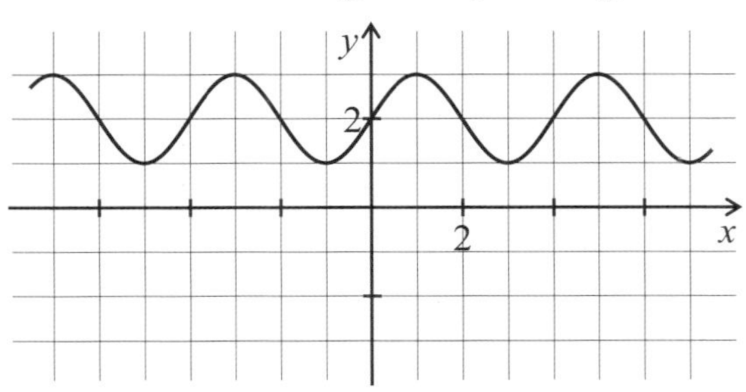

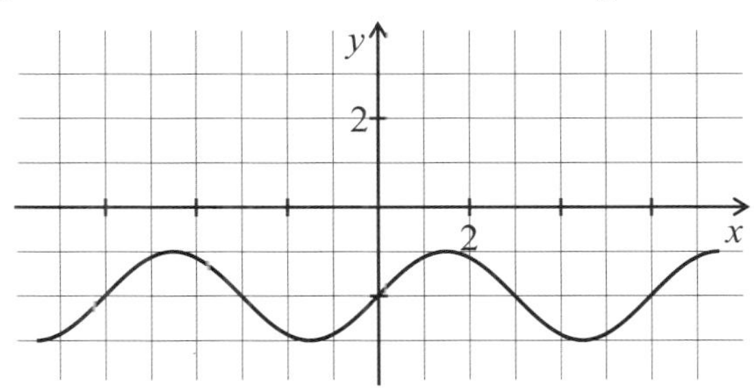

7. Gegeben ist die Schar der Funktionen f_k: IR → IR mit $f_k(x) = \frac{1}{8}x^4 - \frac{1}{4}kx^2$ und $k \in$ IR.

a) Geben Sie den Funktionsterm in faktorisierter Form an: $f_k(x) =$ ______________

b) In der Abbildung sind die Graphen von drei Funktionen der Schar dargestellt. Ordnen Sie den Graphen die Parameterwerte $k > 0$, $k = 0$ und $k < 0$ zu.

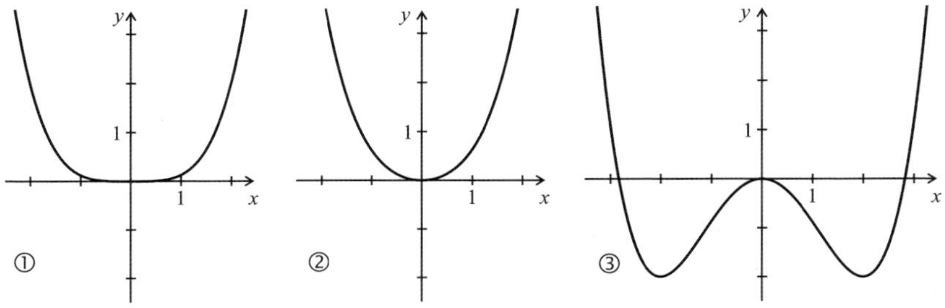

①: k ______

②: k ______

③: k ______

c) Geben Sie die Nullstellen in Abhängigkeit von k an.

d) Welche Scharkurve hat im 4. Quadranten einen Extrempunkt mit der Ordinate $-\frac{1}{2}$?

e) Welche Kurve der Schar hat an der Stelle $\sqrt{3}$ eine Wendestelle.

f)* Bestimmen Sie eine Gleichung der Kurve, auf der alle Wendepunkte liegen.

2

Integralrechnung

2.1 Flächenmaßproblem und Integral

2.1.3 Das bestimmte Integral

1. Die Abbildung zeigt den Graphen einer Funktion f und eine aus 5 Streifen bestehende Treppenfläche U_5, deren Flächeninhalt mit $\mu(U_5)$ bezeichnet wird.

   Welche der folgenden Aussagen treffen zu?

   Kreuzen Sie die wahren Aussagen an und begründen Sie Ihre Entscheidung.

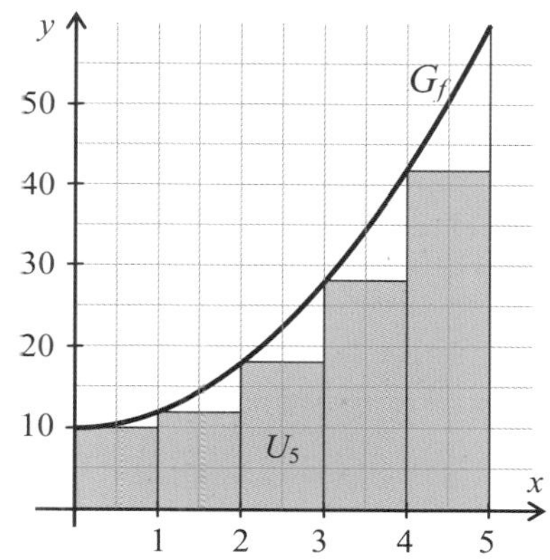

a) $\int_0^5 f(x)\,dx = \mu(U_5)$ ☐

b) $\int_0^5 f(x)\,dx > \mu(U_5)$ ☐

c) $\mu(U_5) = f(1) + f(2) + f(3) + f(4) + f(5)$ ☐

d) $\mu(U_5) = f(0) + f(1) + f(2) + f(3) + f(4)$ ☐

e) $\mu(A) \approx 110$ (FE) ☐

2. Die Abbildung zeigt den Graphen G_f einer abschnittsweise definierten Funktion f.

   Bestimmen Sie anhand der Abbildung den Wert des bestimmten Integrals.

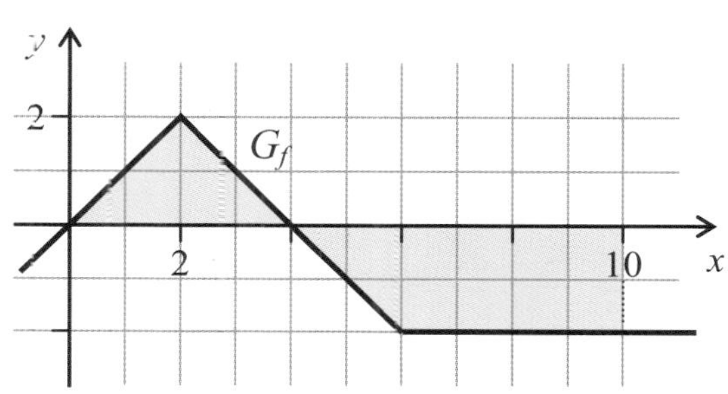

$\int_0^{10} f(x)\,dx =$ ______________________

→ 2.1.3 Seiten 123 - 126

3. Gegeben ist der Graph einer symmetrischen Funktion f. Ergänzen Sie in der Abbildung jeweils ein zu dem angegebenen Integral passendes Flächenstück.
Notieren Sie, ob der Wert des Integrals größer, kleiner oder gleich null ist.

- $\int_{-3}^{0} f(x)\,dx$ __ 0

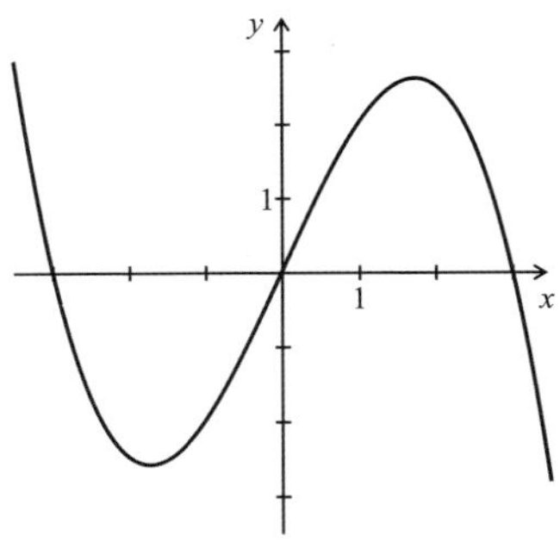

- $\int_{0}^{3} f(x)\,dx$ __ 0

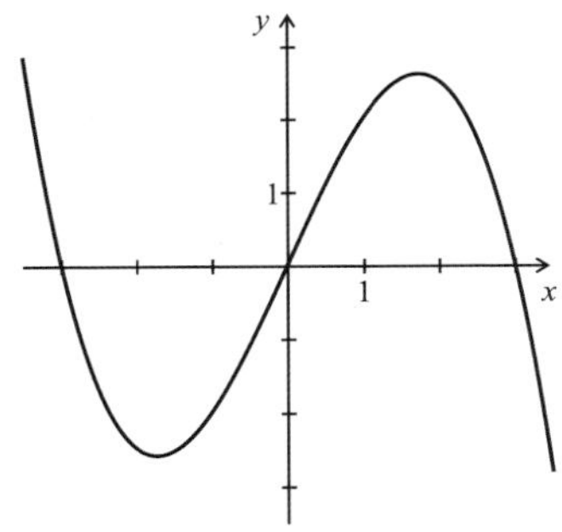

- $\int_{-2}^{1} f(x)\,dx$ __ 0

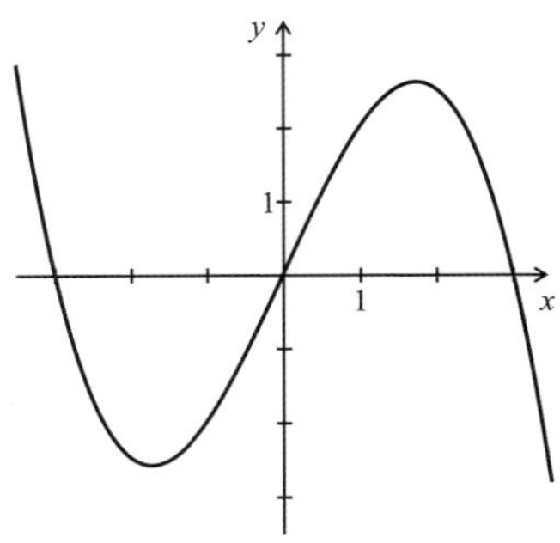

- $\int_{-3}^{3} f(x)\,dx$ __ 0

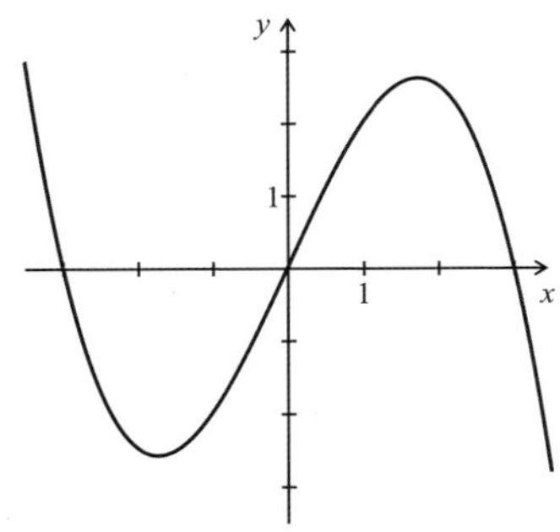

4. Gegeben ist der Graph G_f einer Funktion f.
Welche Aussagen treffen zu?
Kreuzen Sie die wahren Aussagen an.
Begründen Sie Ihre Entscheidung.

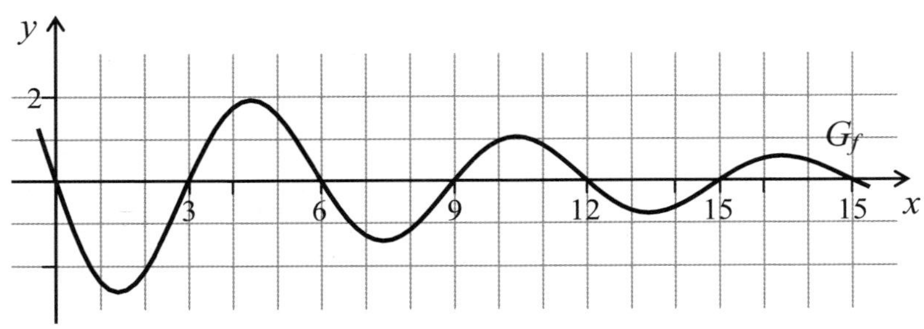

a) $\int_{0}^{3} f(x)\,dx < 0$ ☐

b) $\int_{0}^{6} f(x)\,dx > 0$ ☐

c) $\int_{3}^{12} f(x)\,dx > 0$ ☐

d) $\int_{4,5}^{4,5} f(x)\,dx > 0$ ☐

e) $\int_{6}^{3} f(x)\,dx < 0$ ☐

→ 2.1.3 Seiten 123 - 126

2.2 Stammfunktionen

2.2.2 Bestimmung von Stammfunktionen

Aufleiten von Funktionen

1. Gegeben ist eine Funktion f. Kreuzen Sie die zutreffende Stammfunktion an. Notieren Sie für die beiden anderen Funktionen den Fehler, der beim Aufleiten gemacht wurde.

a) $f(x) = 4x^3 - 2x$	$F_1(x) = 16x^4 - x^2$	☐	
	$F_2(x) = x^4 - 2$	☐	
	$F_3(x) = x^4 - x^2 + 1$	☐	
b) $f(x) = x^n - 1$	$F_1(x) = nx^{n-1} - x$	☐	
	$F_2(x) = \frac{1}{n+1}x^{n+1} - x$	☐	
	$F_3(x) = \frac{1}{n+1}x^{n+1} - 1$	☐	
c) $f(x) = 3x^3 + 2x - 3$	$F_1(x) = \frac{3}{4}x^3 + x^2 - 3x$	☐	
	$F_2(x) = \frac{3}{4}x^4 + x^2 - 3$	☐	
	$F_3(x) = \frac{3}{4}x^4 + x^2 - 3x$	☐	

2. Ergänzen Sie die Platzhalter in den Funktionstermen derart, dass F eine Stammfunktion zur Funktion f ist.

a) $f(x) = \square\, x^3 - \square$ $\quad F(x) = 2x^{\square} - x$

b) $f(x) = 6\square + \square$ $\quad F(x) = \square\, x^2 + x + 1$

c) $f(x) = 6x^{\square} - \square\, x^3 + \square$ $\quad F(x) = \square\, x^6 - 4x^{\square} + 2x + 1$

d) $f(x) = 3\square - \square\sin(x)$ $\quad F(x) = \square\sin(x) + 2\square$

e) $f(x) = \square\, x^2\ \square\ \square$ $\quad F(x) = 3x^{\square} - \frac{1}{x} - 3$

f) $f(x) = 2x^{\square} + \frac{1}{\sqrt{x}}$ $\quad F(x) = \square\, x^4 + \square + 5$

→ 2.2.2 Seiten 133 - 139

Graphisches Aufleiten

3. Skizzieren Sie in dem gegebenen Koordinatensystem einen möglichen Graphen G_F einer Stammfunktion F von f in einer anderen Farbe. Dabei soll $F(0) = 0$ gelten.
Berücksichtigen Sie dabei insbesondere die Lage der Nullstellen und Extremstellen von f.
(Hinweis: Es ist hilfreich, zunächst eine Vorzeichentabelle wie in a) angedeutet zu erstellen.)

a)

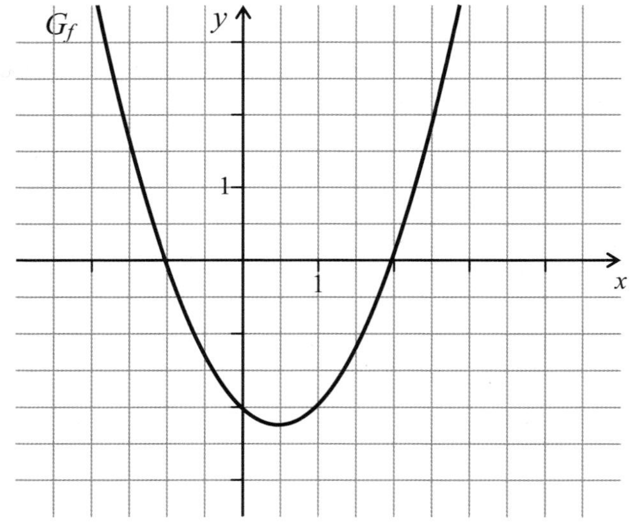

Die Nullstellen von f
$x =$ ____ und $x =$ ____
werden bei F zu
____________________ .

Die Extremstelle von f
$x \approx$ ____
wird bei F zu einer
____________________ .

Vorzeichentabelle:

x	$-\infty$							2		$+\infty$
G_f			0	−	TP				+	
G_F		⇗			WP					

b)

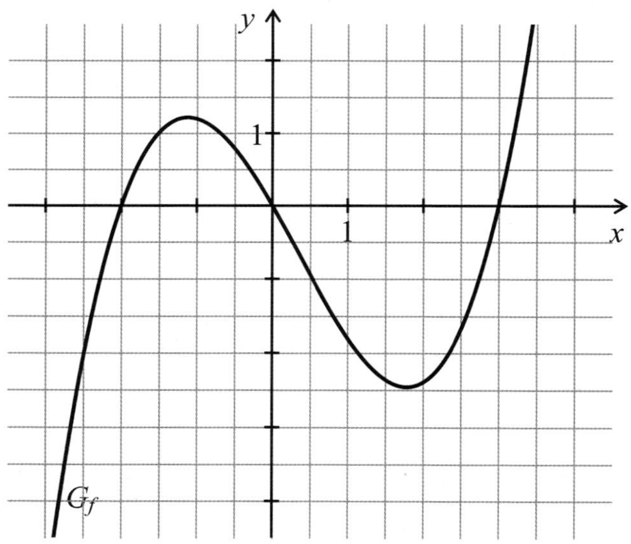

Die Nullstellen von f
$x =$ ___ , $x =$ ___ und $x =$ ___
werden bei F zu
____________________ .

Die Extremstellen von f
$x \approx$ ____ und $x \approx$ ____
werden bei F zu
____________________ .

Vorzeichentabelle:

x	$-\infty$						$+\infty$
G_f							
G_F							

→ 2.2.2 Seiten 133 - 139

4. In den Abbildungen sind die Graphen einer Funktion f, ihrer Ableitungsfunktion f' sowie einer ihrer Stammfunktionen F dargestellt.
Ordnen Sie den Graphen die zugehörige Funktion zu. Begründen Sie Ihre Entscheidung.

①
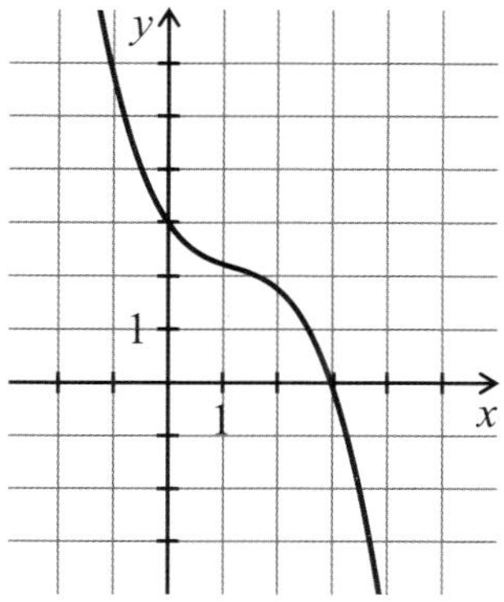

Graph von ______

②
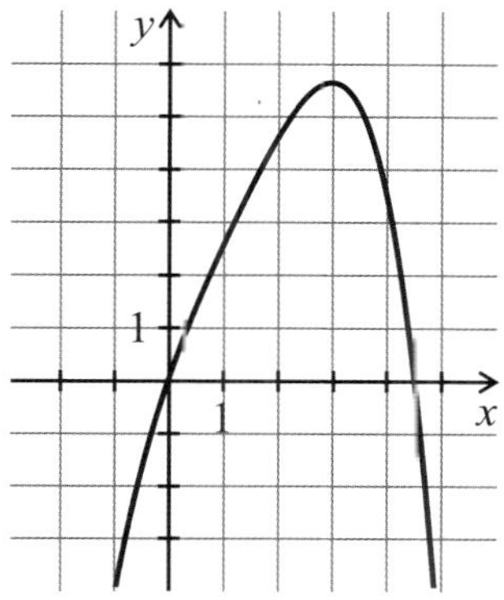

Graph von ______

③
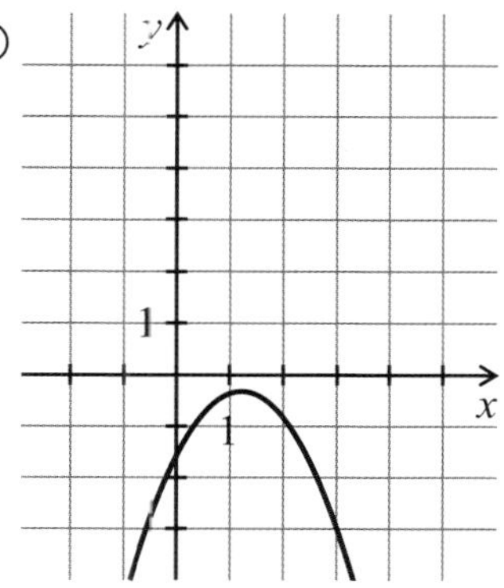

Graph von ______

Begründungen

5. Die Abbildungen zeigen die Graphen einer Funktion f, ihrer Ableitungsfunktion f', einer ihrer Stammfunktionen F sowie einer weiteren Funktion g.
Ordnen Sie den Graphen die zugehörige Funktion zu. Begründen Sie Ihre Entscheidung.

①
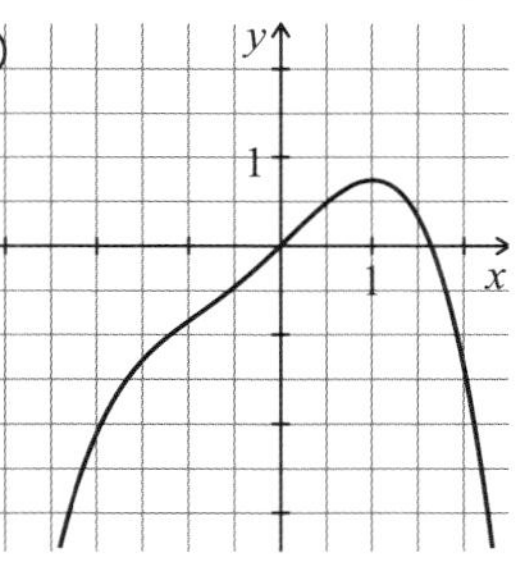

Graph von ______

②
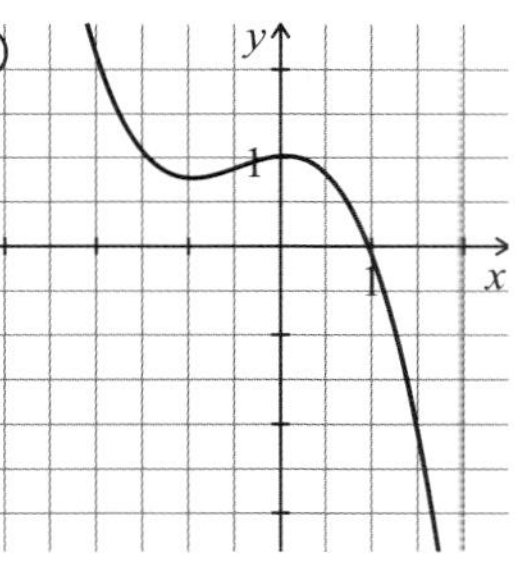

Graph von ______

③
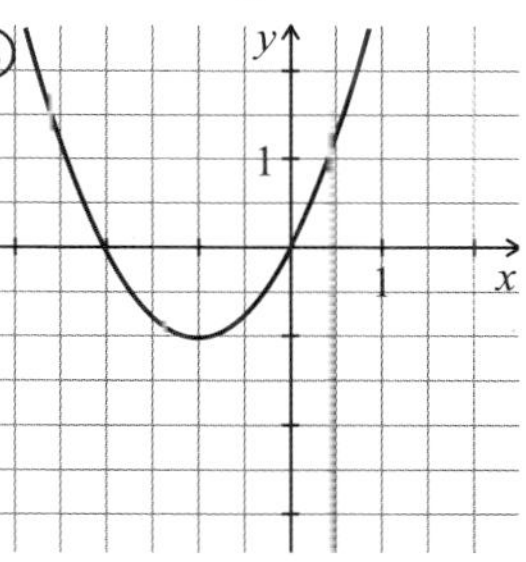

Graph von ______

④
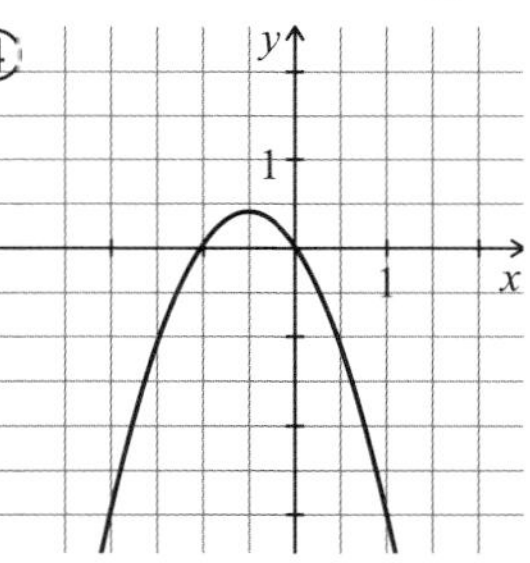

Graph von ______

Begründungen

6. In den Abbildungen sind Funktionsgraphen dargestellt.
   - Die Abbildungen a) bis d) zeigen die Graphen von Funktionen f, g, h und k.
   - In den Abbildungen ① bis ⑧ sind die Graphen von Ableitungsfunktionen dargestellt, darunter auch die der Funktionen f, g, h und k.
   - Die Abbildungen I bis IV zeigen die Graphen möglicher Stammfunktionen.

   Ordnen Sie den Funktionen die passenden Ableitungs- und Stammfunktionen zu.

Funktionen

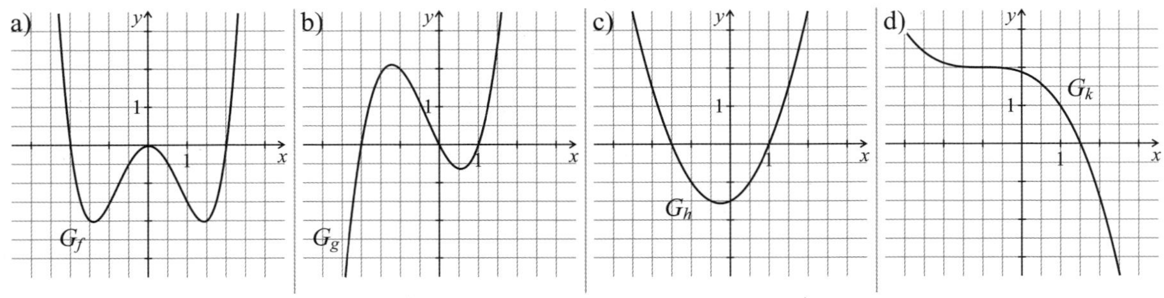

Ableitungsfunktionen

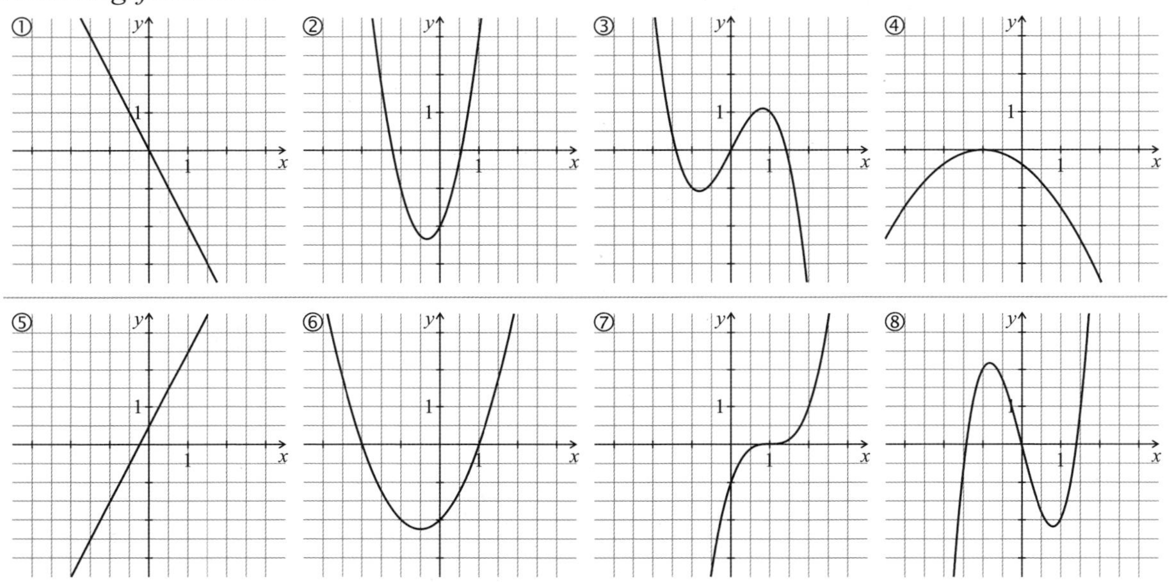

Stammfunktionen

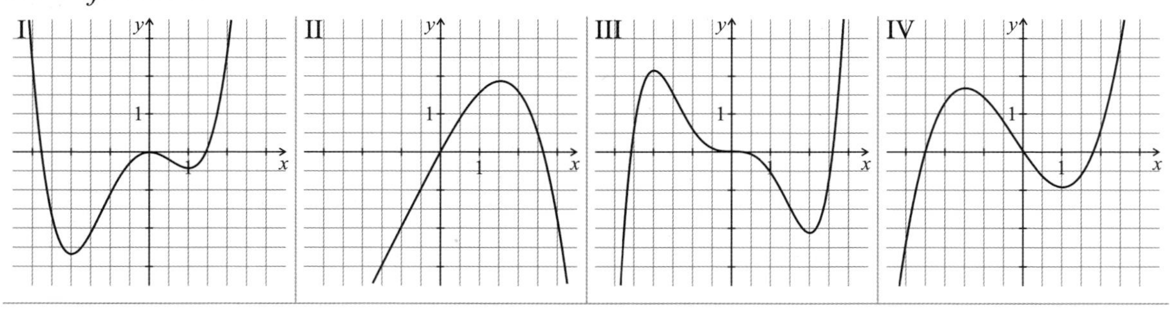

Zuordnungen:

a) $f \rightarrow$ ___ und ___ ; b) $g \rightarrow$ ___ und ___

c) $h \rightarrow$ ___ und ___ ; d) $k \rightarrow$ ___ und ___

→ 2.2.2 Seiten 133 - 139

Eigenschaften von Stammfunktionen

7. Die Abbildung zeigt den Graphen G_f einer quadratischen Funktion f.
Welche der folgenden Aussagen treffen auf jede Stammfunktion F von f zu?
Kreuzen Sie die wahren Aussagen an.
Begründen Sie jeweils Ihre Entscheidung.

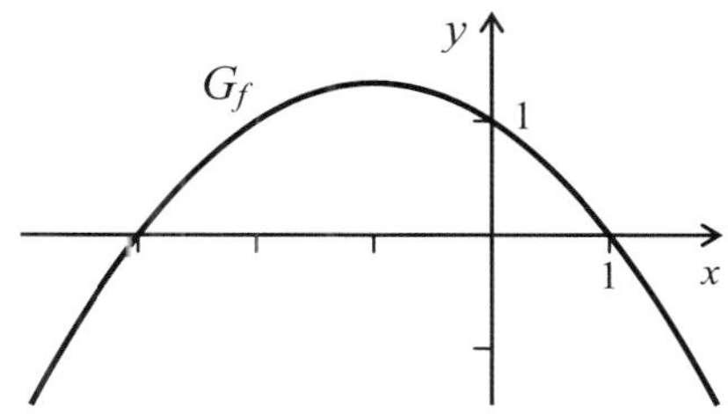

a) F ist eine ganzrationale Funktion dritten Grades. ☐

b) Der Graph von F hat den Punkt $(1 \mid F(1))$ als Tiefpunkt. ☐

c) F ist im Intervall $[-1 ; 1]$ streng monoton wachsend. ☐

d) Der Graph von F hat an der Stelle -1 eine Wendestelle. ☐

e) F besitzt mindestens eine Nullstelle. ☐

8. Die Abbildung zeigt den Graphen G_f einer ganzrationalen Funktion f. Durch F ist eine Stammfunktion von f gegeben.
Welche Aussagen über F treffen zu?
Kreuzen Sie die wahren Aussagen an. Begründen Sie Ihre Entscheidung.

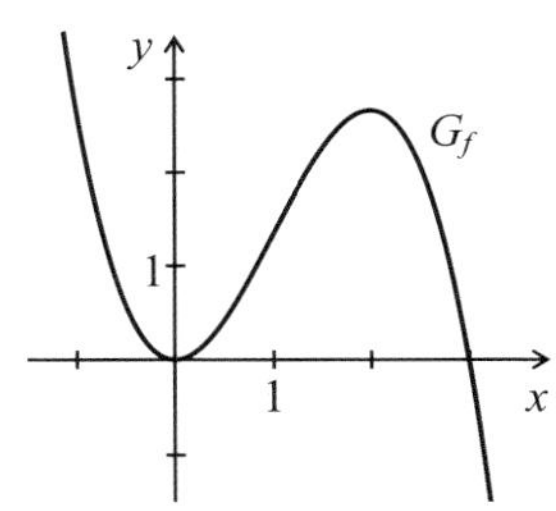

a) Die Stammfunktion F ist eine ganzrationale Funktion vom Grad 4. ☐

b) Die Funktion F ist im Intervall $]-\infty ; 3]$ streng monoton wachsend. ☐

c) Der Graph von F hat an der Stelle $x = 0$ einen Tiefpunkt. ☐

d) Der Graph von F hat an der Stelle $x = 2$ einen Wendepunkt. ☐

e) Der Graph von F ist im Intervall $[0 ; 2]$ linksgekrümmt. ☐

9. Die Abbildung zeigt den Graphen G_f einer Funktion f.
Die Funktion F ist eine der Stammfunktionen zu f.
Kreuzen Sie die wahren Aussagen an.
Begründen Sie Ihre Entscheidungen.

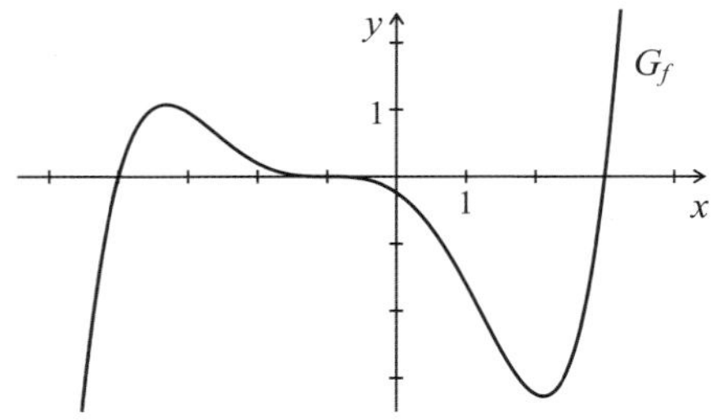

a) F besitzt drei Extremstellen. ☐

b) F besitzt drei Wendestellen. ☐

c) Es gilt $F(-3) > F(-1)$. ☐

d) F hat für $x = -1$ einen Sattelpunkt. ☐

10. Die Abbildung zeigt den Graphen G_F einer Stammfunktion F zu einer Funktion f.
Welche Aussagen über f treffen zu?
Kreuzen Sie die wahren Aussagen an.
Begründen Sie jeweils Ihre Entscheidung.

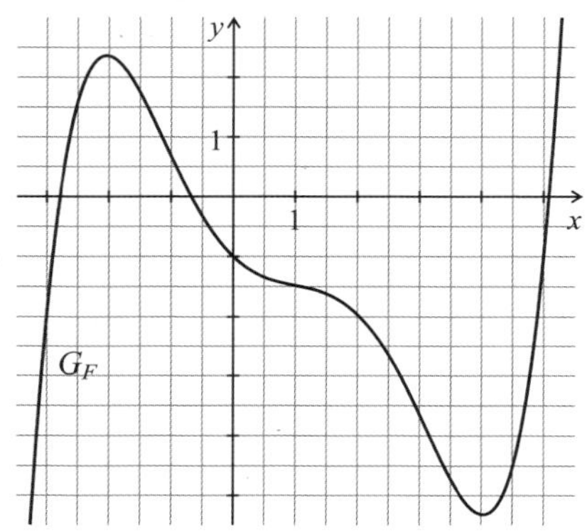

a) f hat genau drei Nullstellen. ☐

b) f hat genau zwei Extremstellen. ☐

c) Es gilt $f(-1) > 0$. ☐

d) G_f besitzt Punkte in allen vier Quadranten. ☐

e) Es gilt: $F(-2) = f(-2)$. ☐

→ 2.2.2 Seiten 133 - 139

2.2.3 Mehrdeutigkeit von Stammfunktionen

11. Betrachtet wird die Funktion f mit der Gleichung $f(x) = -\frac{1}{2}x + 1$.

    Welche Funktion F ist eine Stammfunktion von F mit der Eigenschaft $F(2) = 0$?
    Kreuzen Sie die zutreffenden Funktionen an und begründen Sie Ihre Entscheidung.

    - $F(x) = -\frac{1}{4}x^2 + x$ ☐
    - $F(x) = -\frac{1}{4}x^2 + x - 1$ ☐
    - $F(x) = -\frac{1}{4}x^2 - x + 5$ ☐
    - $F(x) = -\frac{1}{4} \cdot (x^2 - 4x + 4)$ ☐

12. Die linke Abbildung zeigt die Graphen von Funktionen f und F. Die rechte Abbildung zeigt noch einmal den Graphen von F sowie die Graphen zweier weiterer Funktionen F_1 und F_2.

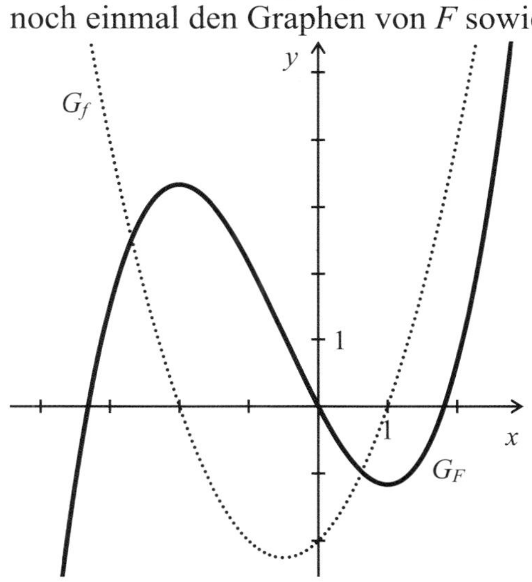

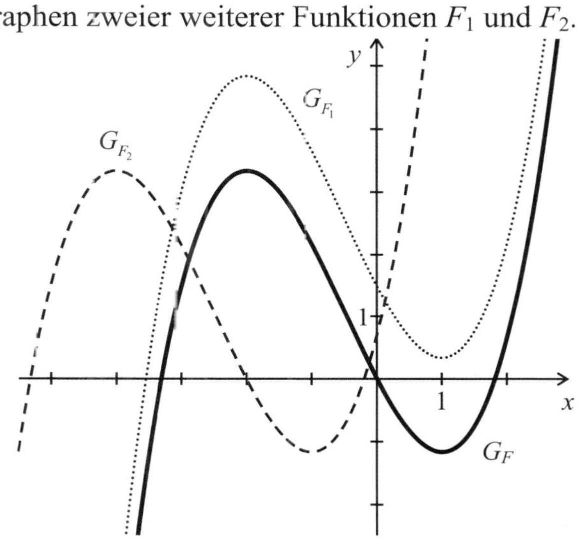

a) Begründen Sie anhand der linken Abbildung, dass F eine Stammfunktion von f ist. Verdeutlichen Sie dabei in der linken Abbildung insbesondere die Bedeutung der Nullstellen und der Extremstelle von f für die Funktion F.

b) Wie entstehen in der Abbildung rechts die Graphen von F_1 und F_2 aus dem Graphen von F? Antworten Sie anschaulich und auch in Form einer Gleichung.

- Entstehung von F_1: ______________________ $F_1(x) =$ __________
- Entstehung von F_2: ______________________ $F_2(x) =$ __________

c) Begründen Sie, dass auch F_1, nicht aber F_2 eine Stammfunktion von f ist.

📖 → 2.2.3 Seiten 140 - 143

13. Die Abbildung zeigt den Graphen einer Funktion F mit

$$F(x) = -\frac{1}{8}x^4 + \frac{1}{2}x^2$$

sowie die Graphen von Funktionen F_1 und F_2 und G.

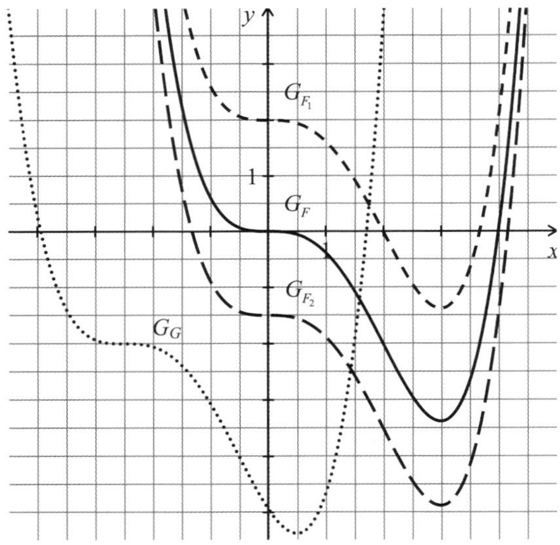

a) Zu welcher Funktion f ist F eine Stammfunktion?

b) Begründen Sie, dass auch F_1 und F_2 Stammfunktionen von f sind.

c) Bestimmen Sie anhand der Abbildung jeweils eine Funktionsgleichung von F_1 und F_2.

$F_1(x) =$ ______________________ ; $F_2(x) =$ ______________________

d) Begründen Sie anhand der Abbildung, dass die Funktion G keine Stammfunktion der Funktion f ist.

14. Gegeben ist eine ganzrationale Funktion f und eine ihrer Stammfunktionen F.
Kreuzen Sie die wahren Aussagen an. Begründen Sie Ihre Entscheidung.

a) Für alle $x \in \mathbb{R}$ gilt: $f(x) = F(x) + c$ mit $c \in \mathbb{R}$. ☐

b) Ist G eine weitere Stammfunktion von f, so gilt für alle $x \in \mathbb{R}$: $G(x) = F(x) + c$ mit $c \in \mathbb{R}$. ☐

c) Für alle $x \in \mathbb{R}$ gilt: $f'(x) = F(x)$. ☐

d) Jede stetige Funktion f besitzt eine Stammfunktion F. ☐

e) Die Funktion f hat unendlich viele Stammfunktionen, die sich nur durch eine additive Konstante unterscheiden. ☐

→ 2.2.3 Seiten 140 - 143

2.4 Die Integralformel

1. Bei der Berechnung eines Integrals haben sich Fehler eingeschlichen. Kennzeichnen Sie diese Fehler und führen Sie parallel die Berechnung des Integrals korrekt durch.

$$\int_2^4 (3x^2 - x)\,dx = \left[x^3 - x^2\right]_2^4$$

$$= \left[(2^3 - 2^2) - (4^3 - 4^2)\right]$$

$$= 4 - 8$$

$$= -4$$

$$\int_2^4 (3x^2 - x)\,dx =$$

2. Die Abbildung zeigt den Graphen G_F einer Stammfunktion F zu einer differenzierbaren Funktion f.

Bestimmen Sie unter Verwendung der Abbildung den Wert des folgenden Integrals:

$$\int_1^3 f(x)\,dx = \_\_\_\_\_\_\_\_\_\_$$

$$= \_\_\_\_\_\_\_\_\_\_$$

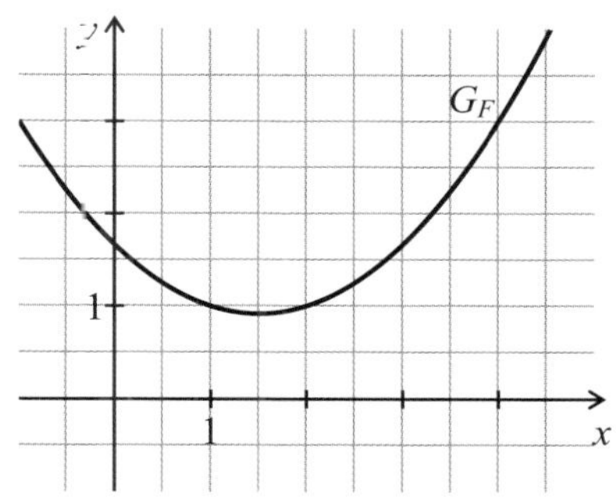

3. Die Abbildung zeigt den symmetrischen Graphen G_F einer Stammfunktion F zu einer differenzierbaren Funktion f.

Welche der folgenden Aussagen treffen zu?
Kreuzen Sie die wahren Aussagen an.
Begründen Sie jeweils Ihre Entscheidung.

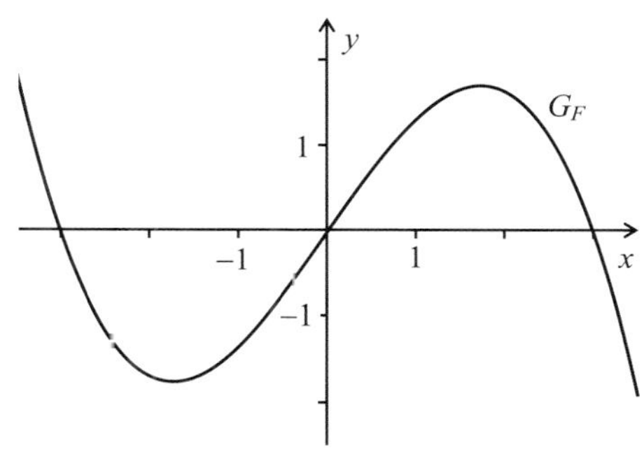

a) $\int_{-3}^{3} F(x)\,dx = 0$ ☐

b) $\int_{-3}^{3} f(x)\,dx > 0$ ☐

c) $f'(0) = 0$ ☐

d) $f(F(3)) < 0$ ☐

2.6 Integrationsregeln

Einfache Integrationsregeln

1. Welche der folgenden Aussagen sind für eine stetige Funktion f zutreffend? Kreuzen Sie die wahren Aussagen an und begründen Sie Ihre Entscheidung.

a) $\int_a^b (x + f(x))\,dx = \int_a^b x\,dx + \int_a^b f(x))\,dx$ ☐

b) $\int_a^b (5 + f(x))\,dx = 5 + \int_a^b f(x))\,dx$ ☐

c) $\int_a^b (5 \cdot f(x))\,dx = 5 \cdot \int_a^b f(x))\,dx$ ☐

d) $\int_a^b (x \cdot f(x))\,dx = \int_a^b x\,dx \cdot \int_a^b f(x))\,dx$ ☐

e) $\int_a^b (3x^2 - f(x))\,dx = x^3 - \int_a^b f(x))\,dx$ ☐

f) $\int_a^b f(x) \cdot f(x)\,dx = \left(\int_a^b f(x))\,dx \right)^2$ ☐

2. Für integrierbare Funktionen f und g sind die folgenden Integrale bekannt:

- $\int_0^1 f(x)\,dx = 3$
- $\int_1^3 f(x)\,dx = -2$
- $\int_0^1 g(x)\,dx = -1$

Geben Sie den Wert der folgenden Integrale an. Rechnen Sie im Kopf. Nennen Sie die verwendete Regel.

a) $\int_0^3 f(x)\,dx =$ *Regel*: ______________

b) $\int_3^1 f(x)\,dx =$ ______________ *Regel*: ______________

c) $\int_3^3 g(x)\,dx =$ ______________ *Regel*: ______________

d) $\int_0^1 (f(x) - g(x))\,dx =$ ______________ *Regel*: ______________

e) $\int_0^1 3 \cdot g(x)\,dx =$ ______________ *Regel*: ______________

f) $\int_0^1 (2f(x) + 3g(x))\,dx =$ ______________ *Regel*: ______________

Integration symmetrischer Funktionen

3. Die Abbildung zeigt den punktsymmetrischen Graphen G_f einer ganzrationalen Funktion f.

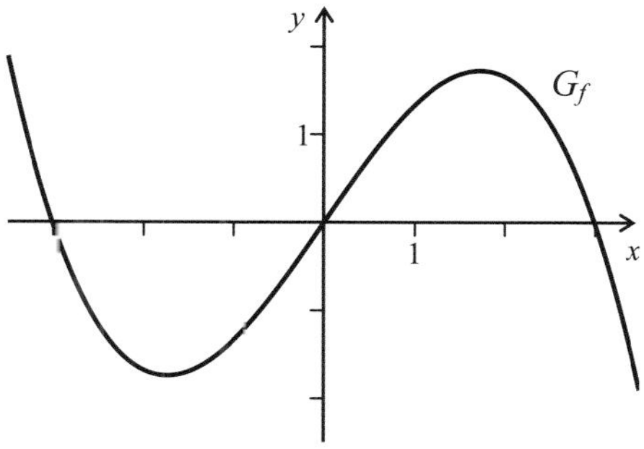

a) Begründen Sie, dass gilt: $\int_{-3}^{3} f(x)\,dx = 0$.

b) Geben Sie Grenzen $a < 0$ und $b > 0$ so an, dass $\int_{a}^{b} f(x)\,dx > 0$ gilt: $a =$ ______ $b =$ ______

c) Geben Sie zwei Integrationsintervalle an, für die gilt: $\int_{a}^{b} f(x)\,dx < 0$. $I_1 =$ ________ $I_2 =$ ________

4. Die Abbildung zeigt den punktsymmetrischen Graphen einer ganzrationalen Funktion f.
Die gekennzeichnete Fläche A besitzt das Maß $\mu(A) = 8$.
Welche der folgenden Aussagen treffen zu?
Kreuzen Sie die wahren Aussagen an und begründen Sie Ihre Entscheidung.

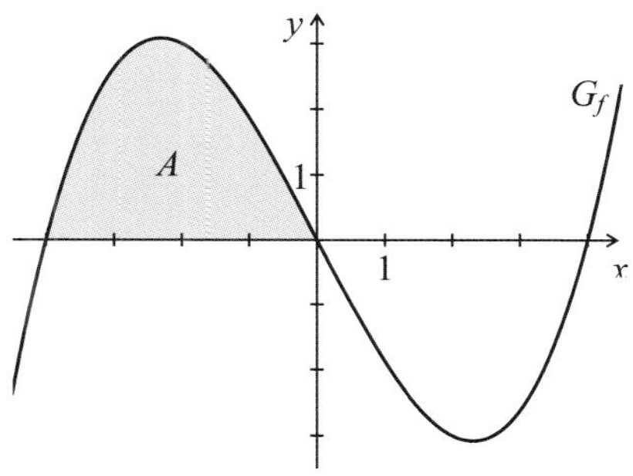

a) $\int_{-4}^{0} f(x)\,dx = -8$ ☐

b) $\int_{-4}^{0} f(x)\,dx = 8$ ☐

c) $\int_{0}^{4} f(x)\,dx = 8$ ☐

d) $\int_{-4}^{4} f(x)\,dx = 16$ ☐

e) $\int_{-4}^{4} f(x)\,dx = 2 \cdot \int_{0}^{4} f(x)\,dx$ ☐

f) $\int_{-4}^{0} f(x)\,dx - \int_{0}^{4} f(x)\,dx = 0$ ☐

g) $\int_{-2}^{2} f(x)\,dx = 8$ ☐

2.7 Flächeninhaltsbestimmungen an Graphen

2.7.1 Flächen zwischen Graph und *x*-Achse

1. Notieren Sie einen Integralterm zur Berechnung des Flächeninhalts der in den Abbildungen dunkel gekennzeichneten Flächen A.

a)

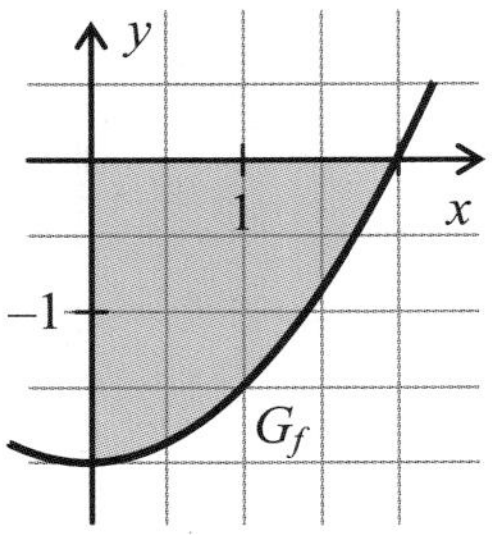

b)

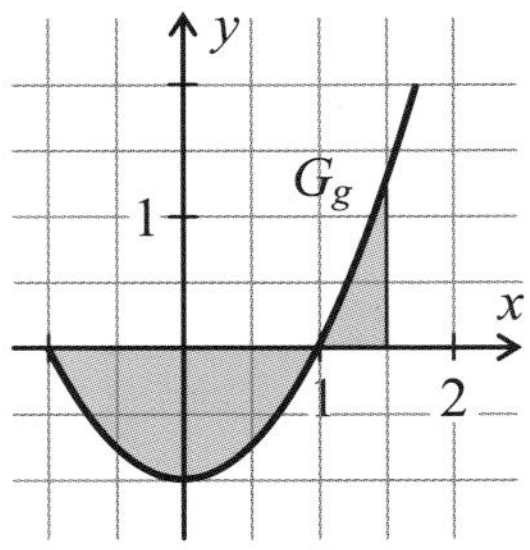

c)

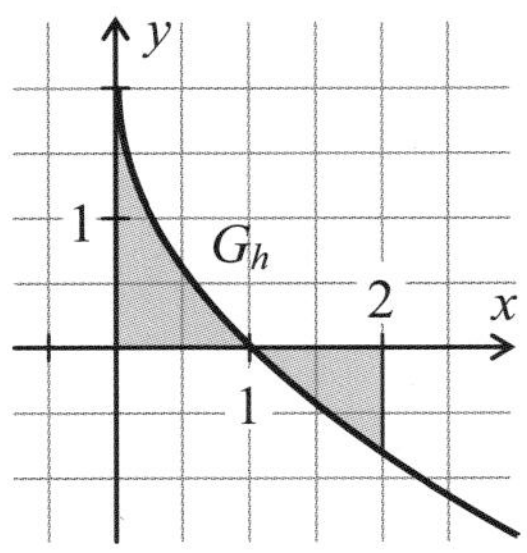

$\mu(A) =$ ____________ $\mu(A) =$ ____________ $\mu(A) =$ ____________

2. Die Abbildung zeigt die Graphen G_f einer quadratischen Funktion f sowie G_g einer linearen Funktion g.
   - Kennzeichnen Sie in der Abbildung die Fläche A, deren Maß sich berechnen lässt durch:

$$\int_0^1 f(x)\,dx + \int_1^4 g(x)\,dx \,.$$

   - Lesen Sie aus der Abbildung einen Näherungswert für das Maß $\mu(A)$ ab.

$\mu(A) \approx$ ____________________

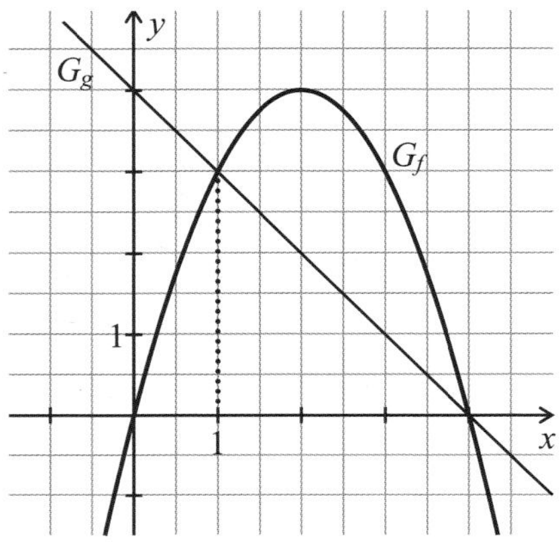

3. Die Abbildung zeigt einen Ausschnitt des Graphen G_f einer ganzrationalen Funktion f mit

$$f(x) = -\tfrac{1}{8}x^3 + 2x \,.$$

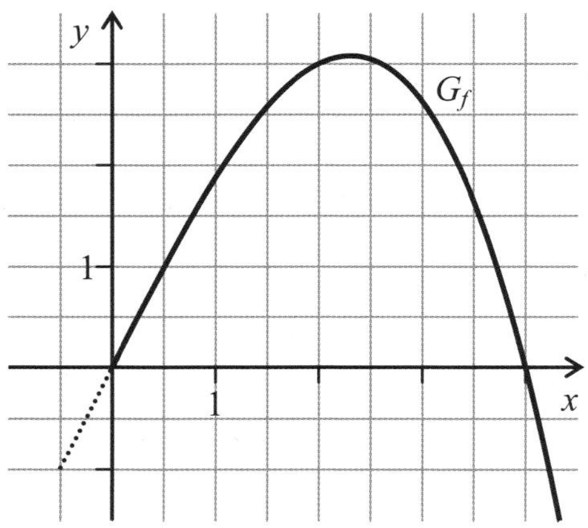

a) Kennzeichnen Sie in der Abbildung ein Flächenstück ein, welches
   – vom Graphen von f,
   – der x-Achse sowie
   – der Geraden mit der Gleichung $x = u$ $(u > 0)$

derart eingeschlossen wird, dass das zugehörige Flächenmaß etwa 3,5 beträgt.

Ergebnis: $u \approx$ ______ .

b) Bestätigen Sie Ihr obiges Ergebnis durch eine Rechnung.

4. Die Abbildung zeigt den Graphen G_f einer ganzrationalen Funktion f sowie auch den Graphen G_F einer zugehörigen Stammfunktion F.
   - Kennzeichnen Sie in der Abbildung die Fläche A, welche der Graph G_f mit der x-Achse einschließt.
   - Bestimmen Sie unter Verwendung der Abbildung auf zwei Arten das Maß $\mu(A)$ dieser Fläche.

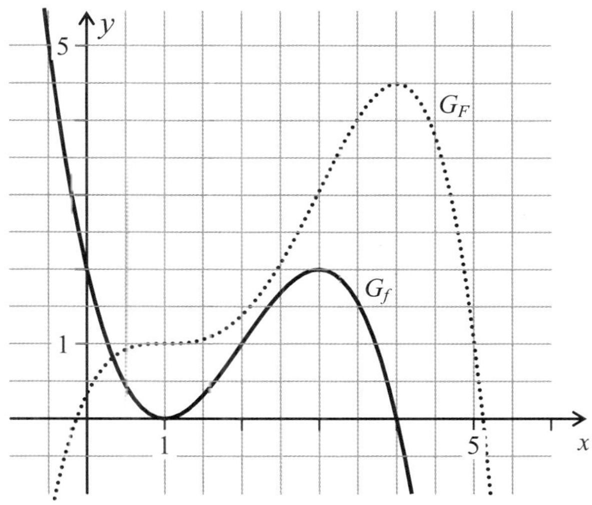

$\mu(A) \approx$

$\mu(A) =$

5. Die Abbildung zeigt die Graphen G_f und G_g zweier Funktionen f und g.
   Die Graphen G_f und G_g und die positive x-Achse begrenzen ein Flächenstück. Geben Sie einen Term zur Berechnung des zugehörigen Flächenmaßes an.

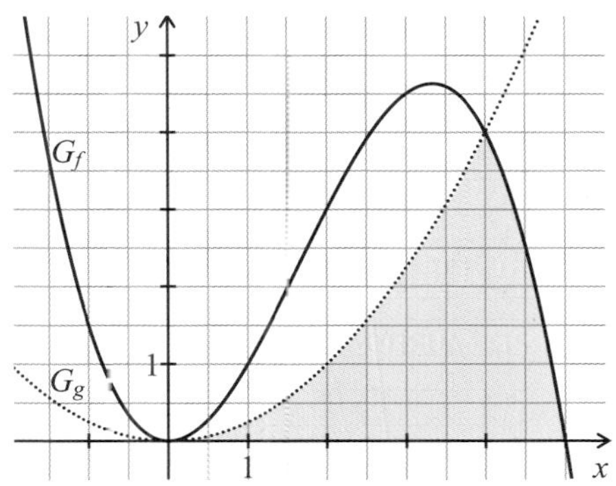

6. Gegeben ist der folgende Integralterm:

$$I_1 + I_2 + I_3 + I_4 = \left| \int_7^9 f(x)\,dx \right| + \int_{-2}^{0} f(x)\,dx + 12 - \int_4^7 f(x)\,dx \,.$$

   - Kennzeichnen Sie in der Abbildung ein Flächenstück, dessen Inhalt mit dem gegebenen Term berechnet werden kann.
   - Ordnen Sie jedem Summanden des Terms einen passenden Teil des Flächenstücks zu.

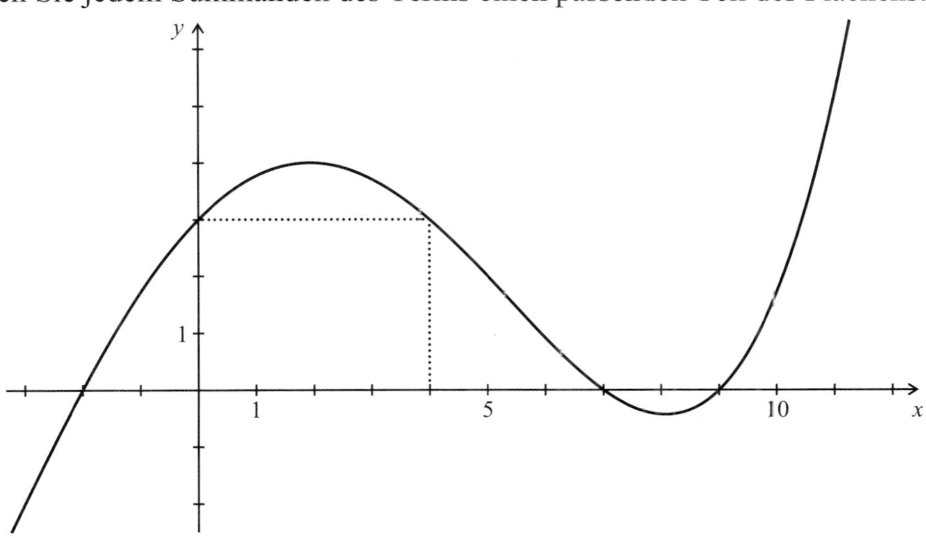

→ 2.7.1 Seiten 164 - 169

2.7.2 Flächen zwischen Funktionsgraphen

7. Ergänzen Sie für die gekennzeichneten Flächen A die Platzhalter in dem Integralansatz zur Berechnung des Flächeninhalts $\mu(A)$.

a)

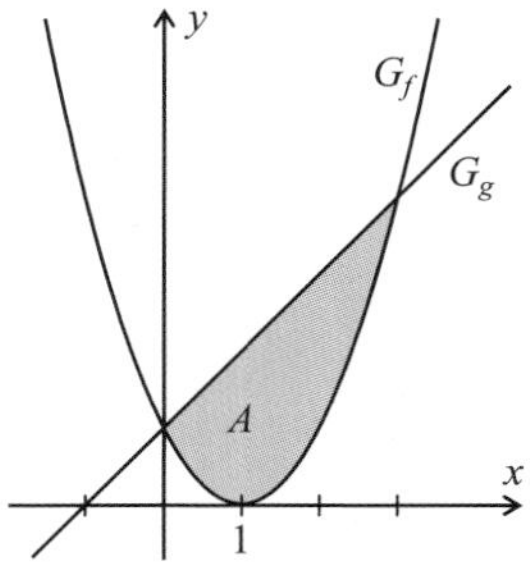

$$\mu(A) = \int_{\square}^{\square} (\underline{\qquad} - \underline{\qquad})\,dx$$

b)

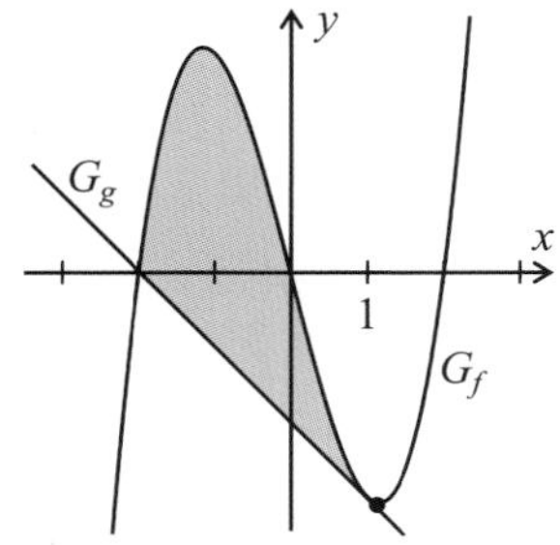

$$\mu(A) = \int_{\square}^{\square} (\underline{\qquad} - \underline{\qquad})\,dx$$

c)

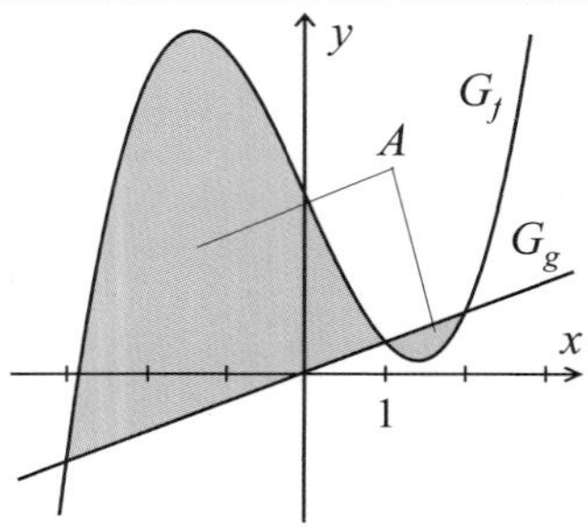

$$\mu(A) = \int_{\square}^{\square} (\underline{\qquad} - \underline{\qquad})\,dx + \int_{\square}^{\square} (\underline{\qquad} - \underline{\qquad})\,dx$$

d)

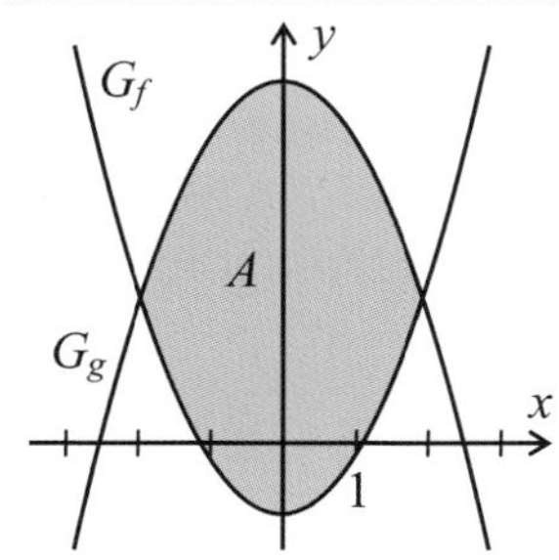

$$\mu(A) = \square \int_{\square}^{\square} (\underline{\qquad} - \underline{\qquad})\,dx$$

8. Kennzeichnen Sie in den Abbildungen jeweils Flächenstücke, deren Inhalt sich mit dem angegebenen Integralterm berechnen lässt.

a) $\int_{-1}^{0}(f(x)-g(x))\,dx + \int_{0}^{1}(g(x)-f(x))\,dx$

b) $\int_{1}^{2}(g(x)-f(x))\,dx + \int_{-2}^{1}(f(x)-g(x))\,dx$

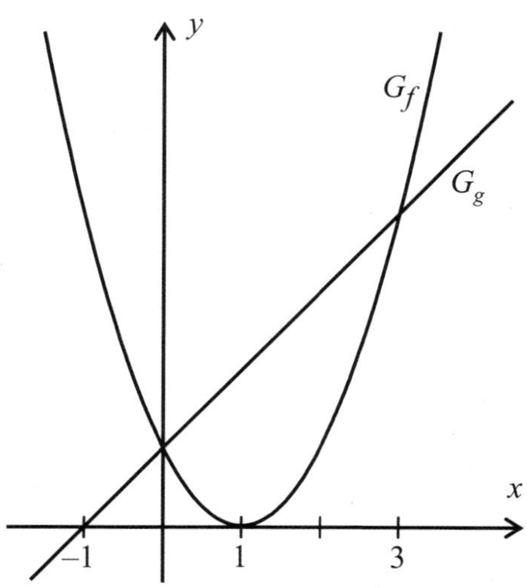

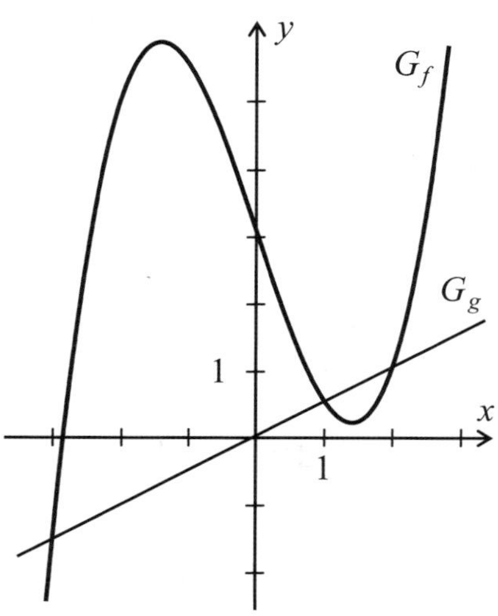

→ 2.7.2 Seiten 170 - 175

9. Die Abbildung zeigt die Graphen G_f und G_g zweier Funktion f und g.
Die beiden Graphen besitzen die Schnittstellen $x = -2$, $x = 0$ und $x = 2$.
A bezeichnet die (gesamte) Fläche, die von den Graphen G_f und G_g eingeschlossen wird.

Durch welche der folgenden Terme wird das Maß $\mu(A)$ der Fläche A korrekt berechnet?

Kreuzen Sie die zutreffenden Terme an. Begründen Sie jeweils Ihre Entscheidung.

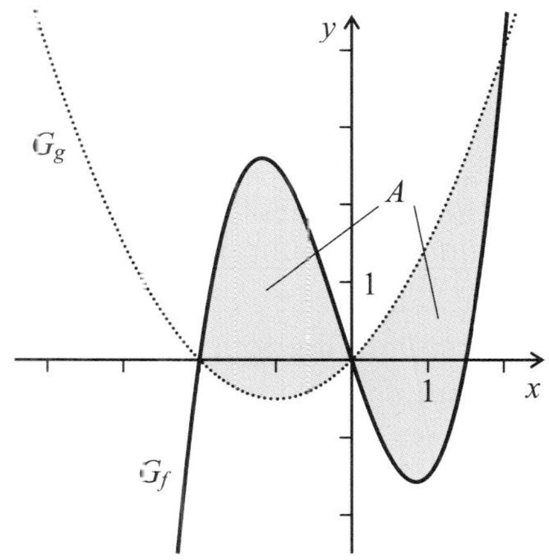

a) $\mu(A) = \int_{-2}^{2} (f(x) - g(x))\,dx$ ☐

b) $\mu(A) = \left| \int_{-2}^{2} (f(x) - g(x))\,dx \right|$ ☐

c) $\mu(A) = \int_{-2}^{0} (f(x) - g(x))\,dx + \left| \int_{0}^{2} (f(x) - g(x))\,dx \right|$ ☐

d) $\mu(A) = \left| \int_{-2}^{0} (f(x) - g(x))\,dx \right| + \int_{0}^{2} (f(x) - g(x))\,dx$ ☐

e) $\mu(A) = \int_{-2}^{0} (f(x) - g(x))\,dx + \int_{0}^{2} (g(x) - f(x))\,dx$ ☐

f) $\mu(A) = 2 \cdot \int_{0}^{2} (g(x) - f(x))\,dx$ ☐

10. Gegeben ist ein Integralterm.
Kennzeichnen Sie in der Abbildung eine Fläche, deren Inhalt mit dem angegebenen Term berechnet werden kann.
Ordnen Sie jedem Summanden dieses Terms einen passenden Teil der Fläche zu.

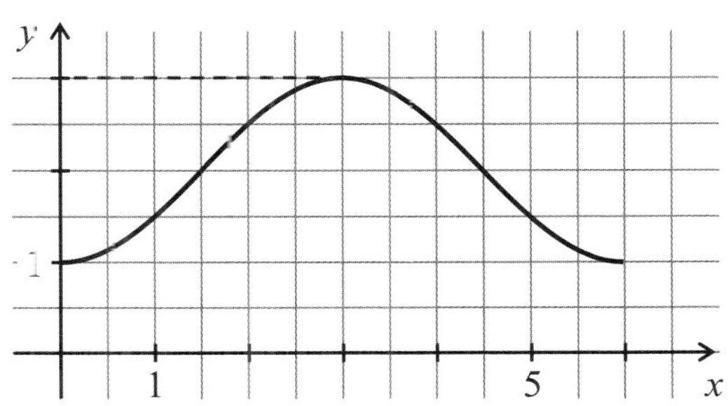

$$I_1 + I_2 + I_3 = \int_{0}^{1,5} (f(x) - 1)\,dx + \int_{1,5}^{4,5} (3 - f(x))\,dx + \int_{4,5}^{6} (f(x) - 1)\,dx$$

📖 → 2.7.2 Seiten 170 - 175

11. Betrachtet werden über dem Intervall $[0\,;\,2\pi]$ die Funktionen f und g mit

$$f(x) = -2 \cdot \sin(x) + 1 \text{ und } g(x) = 2 \cdot \sin(x) + 3\,.$$

a) Beschreiben Sie, wie die Graphen G_f und G_g aus der Sinuskurve entstehen.

Graph G_f:

Graph G_g:

b) Zeichnen Sie die Graphen G_f und G_g in unterschiedlichen Farben in das Koordinatensystem.

c) In einem Schülerheft findet sich die nachstehende Rechnung:

$f(x) = g(x)$

$-2 \cdot \sin(x) + 1 = 2 \cdot \sin(x) + 3$

$-4 \cdot \sin(x) = 2$

$\sin(x) = -0{,}5$

$x = \frac{7}{6}\pi$ oder $x = \frac{11}{6}\pi$

$$\mu(A) = \int_{\frac{7}{6}\pi}^{\frac{11}{6}\pi} (f(x) - g(x))\,dx \approx 2{,}74$$

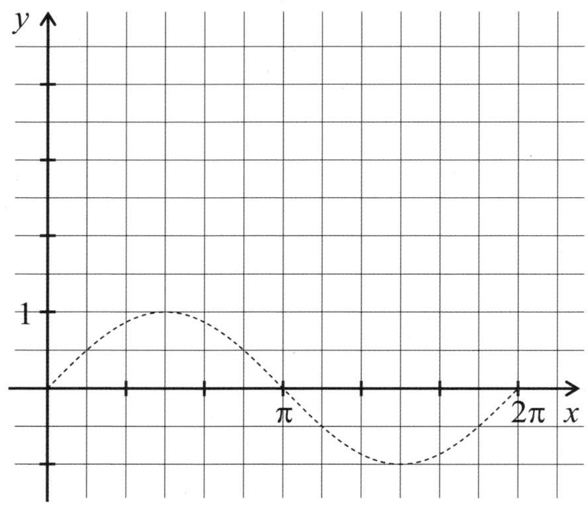

d) Formulieren Sie zu dieser Rechnung eine passende Aufgabestellung.

e) Veranschaulichen Sie das Ergebnis der Rechnung in der Abbildung.

f) Führen Sie die Integration unter Verwendung einer Stammfunktion im Detail durch.

→ 2.7.2 Seiten 170 - 175

12. Die Abbildung zeigt den Graphen der ganzrationalen Funktion f mit der Gleichung $f(x) = -x^2 + 3x$.

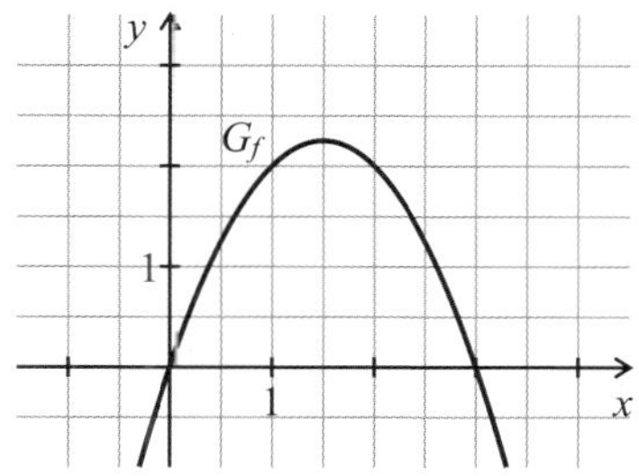

- Ergänzen Sie in der Abbildung die 1. Winkelhalbierende mit der Gleichung $g(x) = x$.
- Kennzeichnen Sie dann in der Abbildung zwei Flächenstücke, die von G_f und G_g über [0 ; 3] eingeschlossen werden.

Betrachtet wird das Integral: $\int_0^3 (f(x) - g(x))\,dx$.

a) Bestätigen Sie durch eine Rechnung, dass gilt: $\int_0^3 (f(x) - g(x))\,dx = 0$.

b) Erläutern Sie die Bedeutung dieses Ergebnisses.

c) Begründen Sie das Vorzeichen von $\int_0^a (f(x) - g(x))\,dx$ für $a > 3$.

13. Der Querschnitt eines künstlichen Kanals wird in einem vereinfachten Modell mithilfe des Graphen einer ganzrationalen Funktion f beschrieben.
Die Abbildung zeigt den Teil des Graphen von f, der zum Intervall [0 ; 6] gehört.

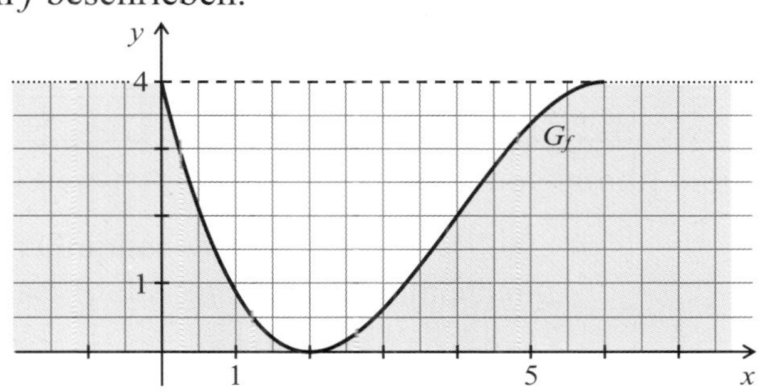

a) Ergänzen Sie im Bild den Punkt P, in dem das Querschnittsprofil am stärksten ansteigt. Geben Sie im Rahmen der Ablesegenauigkeit die Koordinaten von P an.

$P($ ____ | ____ $)$

b) Beschreiben Sie ein Verfahren, mit dessen Hilfe man bei Kenntnis einer Funktionsgleichung von f die Koordinaten von P berechnen kann.

c) Ergänzen Sie im Bild den Punkt Q, in dem das Profil am stärksten abfällt. Geben Sie seine Koordinaten an.

$Q($ ____ | ____ $)$

d) Kennzeichnen Sie in der Abbildung die Fläche, deren Maß mithilfe des Integrals rechts berechnet werden kann.

$$I = \int_0^6 (4 - f(x))\,dx$$

e) Ermitteln Sie anhand der Abbildung einen Näherungswert für dieses Integral.

$I \approx$ ________

f) Interpretieren Sie diesen Integralwert in dem vorliegenden Sachzusammenhang.

📖 → 2.7.2 Seiten 170 - 175

2.8 Von der Änderung zum Bestand

1. Das Wasservolumen in einem Becken kann über Zu- und Abflussrohre verändert werden. Zum Beginn der Beobachtung befinden sich 15 m^3 Wasser in dem Becken.
   - In der Abbildung links ist die Zufluss- bzw. Abflussrate v (in m^3/h) für das Zeitintervall [0 ; 8] (in Stunden) dargestellt.
   - In der Abbildung rechts soll die Funktion V dargestellt werden, welche die Änderung des Wasservolumens im Zeitintervall [0 ; 8] beschreibt.

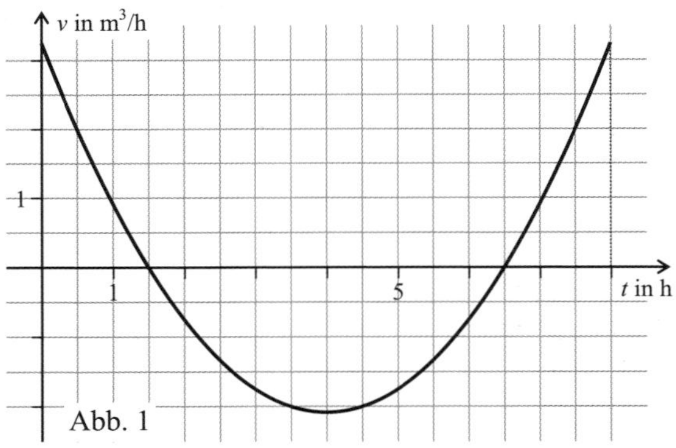

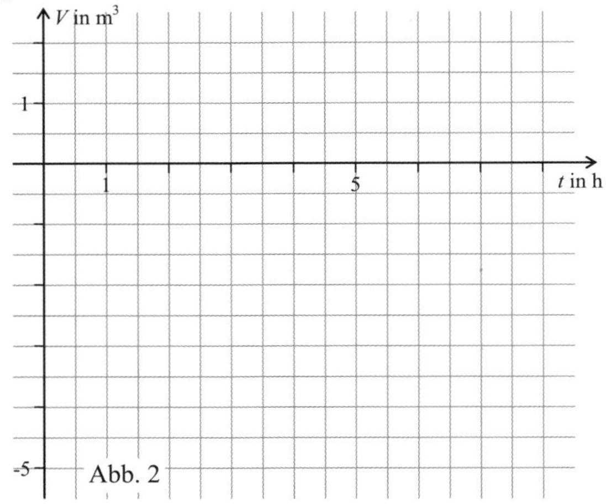

Die folgende Tabelle enthält Informationen für bestimmte Zeitpunkte.

Zeit t	0	1,5	4	6,5	8
besondere Bedeutung für v	/				/
besondere Bedeutung für V	/				/
Volumen $V(t)$	0	2,25	−1,2	−4,6	−2,4

a) Notieren Sie in der Tabelle die besondere Bedeutung der Zeitpunkte $t = 1{,}5$, $t = 4$ sowie $t = 6{,}5$ (in Stunden) für die die Zufluss- bzw. Abflussrate v.

b) Welche besondere Bedeutung haben diese Zeitpunkte für die Änderung $V(t)$ des Wasservolumens? Notieren Sie diese in der Tabelle.

c) Die Tabelle enthält bereits die Funktionswerte für $V(t)$ für fünf Zeitpunkte t.
   - Erläutern Sie, wie man diese Werte unter Verwendung von Abb. 1 bestimmen kann.
   - Überprüfen Sie die angegebenen Werte für $t = 1{,}5$ und $t = 4$ (in Stunden).

d) Skizzieren Sie in der rechten Abbildung einen möglichen Graphen der Funktion V.

e) Lesen Sie an Ihrem Graphen den Funktionswert für $t = 5$h ab: $V(5) \approx$ ______

f) Geben Sie die Bedeutung von $V(5)$ in dem Sachzusammenhang an.

g) Welches Volumen hat das Wasser im Becken nach 5h?

→ 2.8 Seiten 178 - 184

2. Die Abbildung rechts zeigt die Änderungsrate s der Verkaufzahlen von Tabletts eines Herstellers seit dem Jahr 2012. Dabei entspricht $t = 0$ dem Jahr 2012.
   - Beschreiben Sie die Bedeutung der markierten Stelle $t = 2{,}75$ in dem Sachzusammenhang.
   - Welche Fehlvorstellung könnte hier auftreten?

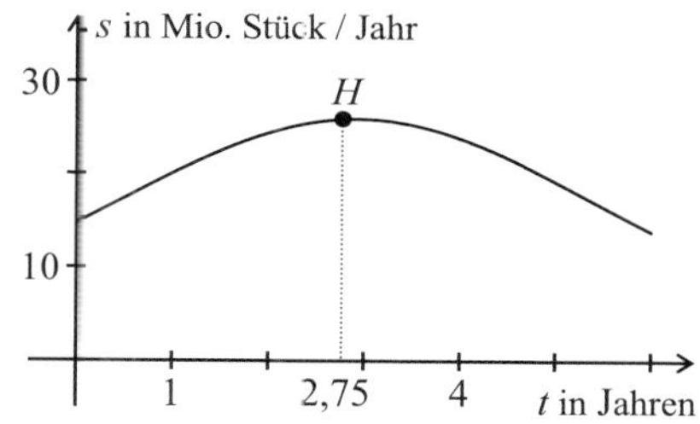

3. Im Jahr 2008 verzeichnete ein soziales Netzwerk weltweit 85 Millionen Nutzer.
   Die Änderungsrate der Nutzerzahl in den Folgejahren kann näherungsweise durch eine Funktion n beschrieben werden, deren Graph rechts abgebildet ist.

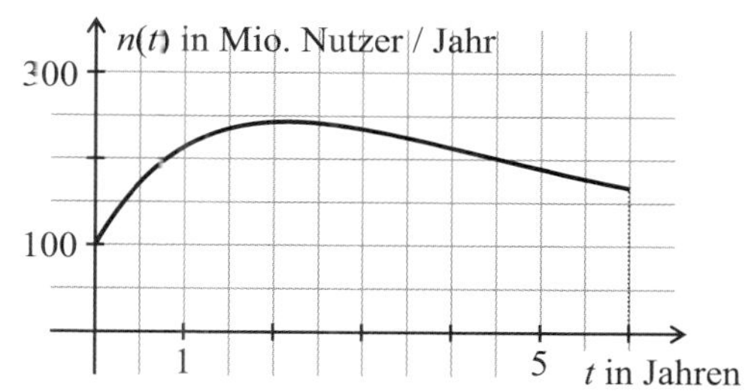

   a) Begründen Sie, dass die Anzahl der Nutzer von 2008 bis 2014 ständig zugenommen hat.

   b) Betrachtet wird der Term: $85 \text{ Mio} + \int_0^6 n(t)\,dt$.

   Erläutern Sie die Bedeutung dieses Terms im Sachzusmmenhang.

   c) Bestimmen Sie mithilfe der obigen Abbildung den Wert des Terms aus Aufgabenteil b).

4. Betrachtet wird ein Baumbestand, welcher zum Beginn der Beobachtung eine Fläche mit dem Inhalt 5 Ar einnimmt. Für die nächsten Jahre sind Rodungen geplant.
   Der Graph in der Abbildung stellt die Änderungsrate b des Baumbestands innerhalb der nächsten 5 Jahre dar.

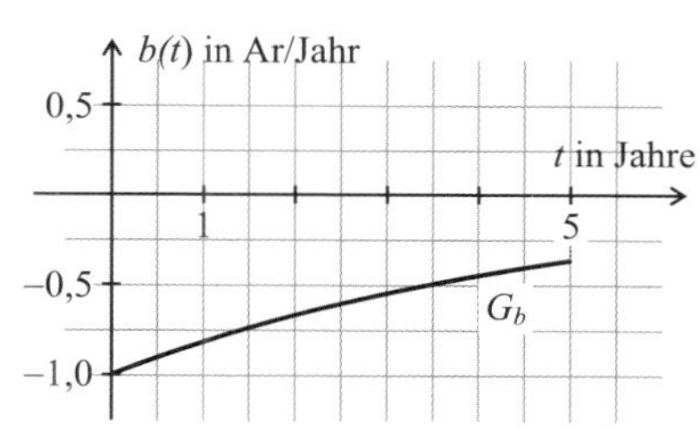

   a) Begründen Sie, dass der Waldbstand im Zeitintervall [0 ; 5] ständig abnimmt.

   b) Geben Sie einen Term an, mit dessen Hilfe sich der Waldbestand nach 5 Jahren berechnen lässt.

   c) Bestimmen Sie anhand des Graphen den Waldbestand $B(5)$ nach Ablauf von 5 Jahren.

5. Das Wasservolumen in einem Badesee kann sich aufgrund verschiedener Einflüsse (Niederschlag, Zufluss, Verdunstung, Abfluss) ändern. Zum Beobachtungsbeginn befinden sich 1 000 000 m^3 Wasser in dem See.

Die momentane Änderungsrate des Wasservolumens kann für die nächsten 30 Tage durch eine Funktion v beschrieben werden, deren Graph in der Abbildung dargestellt ist.

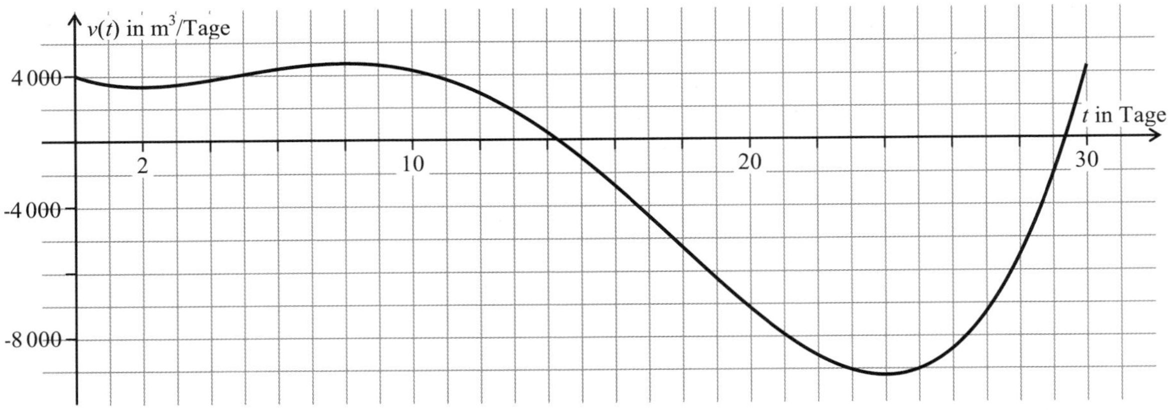

a) Begründen Sie anhand der Abbildung, dass das Volumen im Zeitintervall [10 ; 12] zunimmt.

b) Für das Integral gilt: $\int_0^{30} v(t)\,dt \approx -83\,000.$

Interpretieren Sie dieses Ergebnis im Sachzusammenhang.

c) Geben Sie einen Term an, mit dessen Hilfe sich das Wasservolumen nach Ablauf von 30 Tagen berechnen lässt.

d) Begründen Sie, dass folgende Aussage gilt:

$$\int_0^4 v(t)\,dt < \int_4^{12} v(t)\,dt \; .$$

Interpretieren Sie diese Aussage im Sachzusammenhang.

e) Bestimmen Sie aus der Abbildung näherungsweise den Zeitpunkt, zu dem das Wasservolumen maximal wird.

Begründen Sie Ihre Entscheidung.

6. Die Funktionen f und g beschreiben die Geschwindigkeiten zweier Fahrzeuge F und G in Abhängigkeit von der Zeit t (t in Sekunden, $f(t)$ und $g(t)$ in Meter pro Sekunde).
Die Graphen von f und g sind in der Abbildung dargestellt.

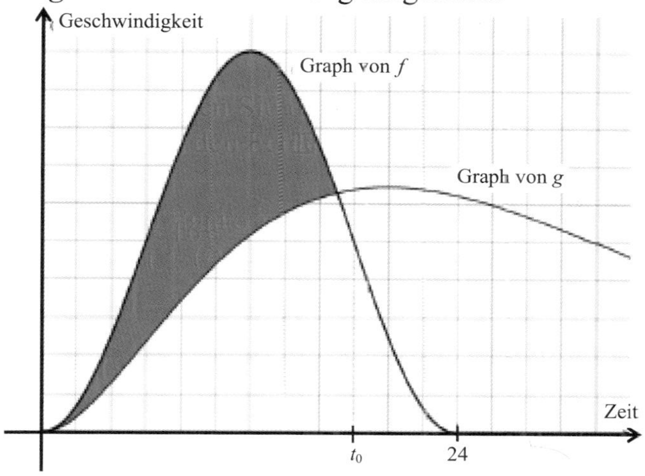

Die beiden Fahrzeuge starten zum Zeitpunkt $t = 0$ nebeneinander und fahren in dieselbe Richtung.

a) Beschreiben Sie die Bewegung von Fahrzeug F in den ersten 24 Sekunden nach dem Start.

b) Geben Sie einen Term an, mit man den Weg bestimmen kann, den das Fahrzeug F in den ersten 24 Sekunden nach dem Start zurücklegt.

c) Die Stelle t_0 ist eine Wendestelle des Graphen von f.
Interpretieren Sie die Bedeutung dieser Stelle im Sachzusammenhang.

d) Deuten Sie den Inhalt der markierten Fläche im Sachzusammenhang.

e) Gegeben ist die Gleichung $\int_0^x g(t)\,dt = \int_0^{24} f(t)\,dt$.

Formulieren Sie eine Frage im Sachzusammenhang, die auf diese Gleichung führt.

(entnommen aus Baden-Württemberg, Musteraufgabe 2019 A 1.2)

→ 2.8 Seiten 178 - 184

7. An einer Messstation wurde für einen Zeitraum von 10 Stunden die Änderungsrate von Staubpartikeln in einem Kubikmeter Luft ermittelt.

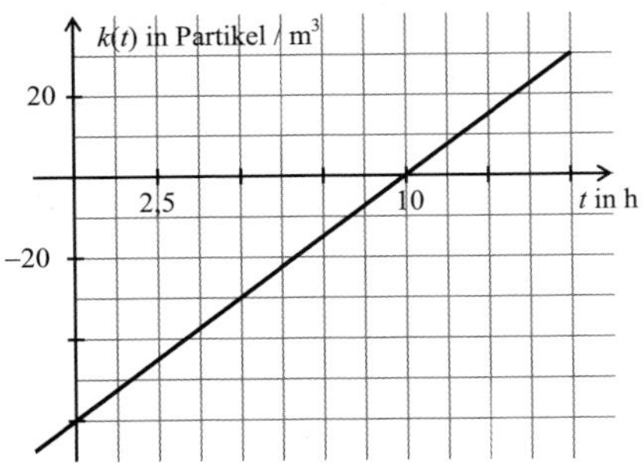

Die Änderungsrate kann stark vereinfacht beschrieben werden durch eine Funktion k mit der Gleichung

$k(t) = 6t - 60$ ($k(t)$ in Partikel / m^3 pro h , t in h) .

Zum Beginn der Beobachtung beträgt die Staubkonzentration 500 Partikel / m^3.

a) Es gilt $k(5) = -30$.
Deuten Sie diesen Funktionswert im Sachzusammenhang.

b) Deuten Sie den Term im Sachzusammenhang:

$$500 + \int_0^8 k(t)\,dt \; .$$

Bestimmen Sie rechnerisch den Zahlenwert. (Rechnung unten).

Ergebnis: __________

c) • Deuten Sie folgendes Integral im Kontext:

$$\int_{7,5}^{12,5} k(t)\,dt \; .$$

• Stellen Sie eine begründete Vermutung über den Wert dieses Integrals auf.

• Bestimmen Sie den Wert des Integrals durch eine Rechnung.

Ergebnis: __________

Rechnungen

2.12 Untersuchungen bei Integralfunktionen

1. Die Abbildung zeigt den Graphen G_f einer ganzrationalen Funktion.
Betrachtet wird die in ℝ definierte Integralfunktion

$$I: x \mapsto \int_0^x f(t)\,dt \; .$$

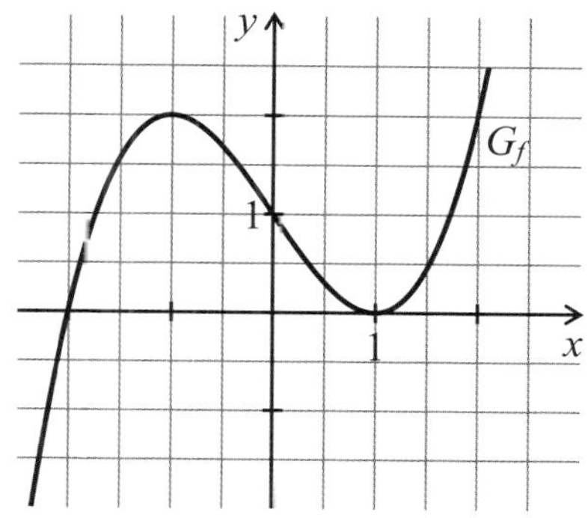

Welche der folgenden Aussagen treffen zu?
Kreuzen Sie die wahren Aussagen an und begründen Sie Ihre Entscheidung.

a) $I(1) < 1$ ☐

b) $I(-1) > 0$ ☐

c) G_I ist in $[-1\,;\,1]$ rechtsgekrümmt. ☐

d) I ist in $[-1\,;\,1]$ streng monoton fallend. ☐

e) $I''(-1) = 0$ ☐

f) 1 ist Wendestelle von G_I. ☐

2. Die Abbildung zeigt den Graphen G_f einer quadratischen Funktion.
Betrachtet wird die in ℝ definierte Integralfunktion

$$I: x \mapsto \int_1^x f(t)\,dt \; .$$

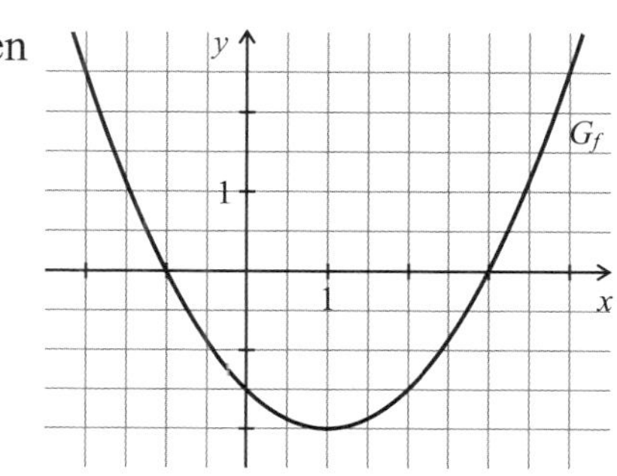

a) Welchen Grad besitzt I? Grad: ____
Wie viele Nullstellen kann I maximal besitzen? Maximale Anzahl: ____

b) Begründen Sie, anhand der Abbildung, dass I drei Nullstellen besitzt.

c) Geben Sie die Nullstellen von I näherungsweise an.

📖 → 2.12 Seiten 206 - 208

3. In der Abbildung dargestellt ist der Graph G_f einer Funktion $f: [-1\ ;\ 1] \to \mathbb{R}$. Der Graph ist ein Halbkreis mit dem Radius 1 und dem Ursprung als Mittelpunkt.
Betrachtet wird die in $[-1\ ;\ 1]$ definierte Integralfunktion

$$I : x \mapsto \int_{-1}^{x} f(t)\,dt\ .$$

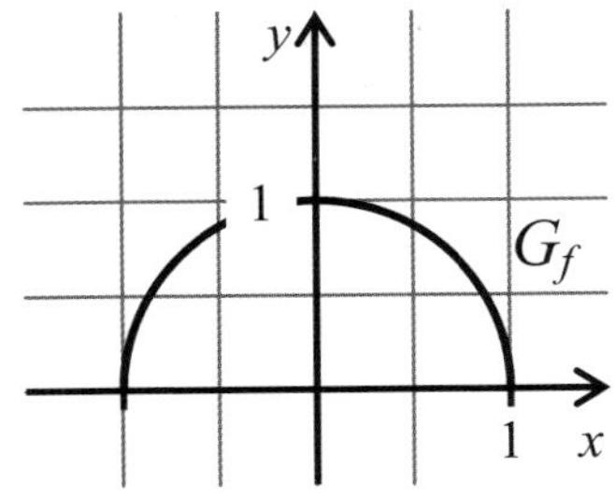

a) Erläutern Sie anhand der Abbildung die Bedeutung des Funktionswerts $I(0)$.
Bestimmen Sie den Wert von $I(0)$.

b) Geben Sie die Funktionswerte für die Stellen $x = -1$ und $x = 1$ an.

c) Begründen Sie, dass I streng monoton wachsend ist.

d) Begründen Sie anschaulich, dass $x = 0$ eine Wendestelle von I ist.

e) Skizzieren Sie den Graphen von I in das gegebene Koordinatensystem.

4. Die Abbildung zeigt den Graphen G_f einer punktsymmetrischen ganzrationalen Funktion 3. Grades.
Betrachtet wird die in $\mathbb{R}$ definierte Integralfunktion

$$I : x \mapsto \int_{-1}^{x} f(t)\,dt\ .$$

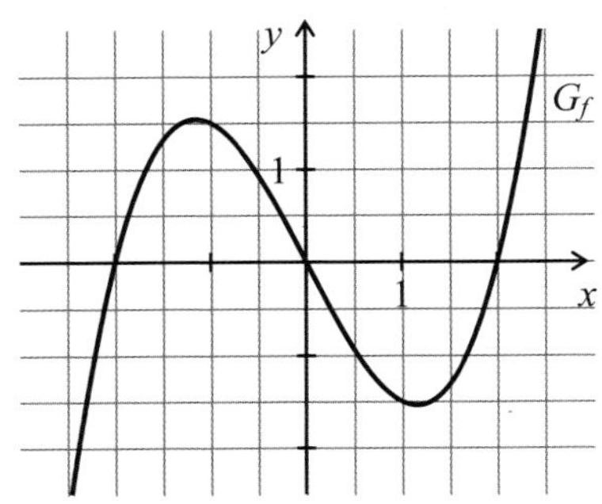

a) Es gilt $I(0) = 1$. Verdeutlichen Sie diesen Sachverhalt anhand der Abbildung.

b) Begründen Sie, dass I im Intervall $[-2\ ;\ 2]$ zwei Nullstellen x_1 und x_2 besitzt.
Geben Sie diese Nullstellen an.

c) I besitzt zwei weitere Nullstellen x_3 und x_4.
Bestimmen Sie mithilfe der Abbildungen näherungsweise diese Nullstellen.

d) Begründen Sie, dass I darüber hinaus keine weiteren Nullstellen besitzen kann.